TensorFlow
从零开始学

侯伦青　王飞　邓昕　史周安　编著

电子工业出版社
Publishing House of Electronics Industry
北京·BEIJING

内 容 简 介

本书是一本阅读起来特别轻松、学习一点都不费劲的 TensorFlow 入门书。本书基于 TensorFlow 2.0 版本，从机器学习和 TensorFlow 的基础开始，针对初学者只选择实际应用中的必需知识，对前馈神经网络、卷积神经网络、循环神经网络、深度强化学习进行了浅显易懂的阐述，其中包括很多具体的 TensorFlow 示例，最后一章的项目实战能够教会初学者运用深度学习解决实际问题，从而进入人工智能这一前沿的热门领域。

本书适合初学 TensorFlow，并且深度学习的理论和实践基础较为薄弱的读者群体，也适合希望了解深度学习的大数据平台工程师，以及对人工智能、深度学习感兴趣的计算机相关从业人员及在校学生等阅读，特别适合作为高等院校计算机或人工智能专业师生的参考教材。

图书在版编目（CIP）数据

TensorFlow 从零开始学 / 侯伦青等编著 . —北京：电子工业出版社，2020.4

ISBN 978–7–121–37974–1

Ⅰ . ① T… Ⅱ . ①侯… Ⅲ . ①人工智能 – 算法 Ⅳ . ① TP18

中国版本图书馆 CIP 数据核字（2019）第 255741 号

责任编辑：孙学瑛

印　　刷：中国电影出版社印刷厂

装　　订：三河市良远印务有限公司

出版发行：电子工业出版社

　　　　　北京市海淀区万寿路 173 信箱　　邮编：100036

开　　本：720×1 000　1/16　印张：12.5　字数：247 千字

版　　次：2020 年 4 月第 1 版

印　　次：2020 年 8 月第 2 次印刷

定　　价：89.00 元

前　言

TensorFlow 是一个开源的机器学习库，在所有机器学习库中目前是使用最多的。基于 TensorFlow 提供的一系列工作流程，我们可以用 Python、JavaScript 或 Swift 等语言来开发和训练模型，并在云端、本地、浏览器中或移动设备上轻松地部署模型。TensorFlow 拥有丰富的开源项目和资料文档，并且有很大的用户群体及社区，从 TensorFlow 2.0 开始，易用性又得到了大幅的提升，因此，无论对于科研还是生产，TensorFlow 都是一个非常不错的选择。

为什么写作本书

在 2019 年 9 月的谷歌开发者大会上，谷歌公司发布了 TensorFlow 2.0 RC 版，TensorFlow 2.0 相对于 1.x 版本来说做了很大的改进，尤其在易用性上。虽然说这种巨大的改进让很多 TensorFlow 的老用户感到有点措手不及，但是对于初次接触 TensorFlow 的用户来说，这却是福音，因为 TensorFlow 2.0 的入门要比 1.x 容易很多。现有的基于 TensorFlow 1.x 的书籍和教程已经不再适用了，本书的主要目的是让 TensorFlow 的初学者快速地了解和掌握这一工具，并能搭建常用的神经网络模型。

2018 年年初，本书作者就开始在公众号"磐创 AI"上推出一系列的机器学习、深度学习相关的文章。其中，TensorFlow、PyTorch 等多个系列的文章收到了读者好评及建议。本书即基于此而成。

本书的读者对象

本书适合初学 TensorFlow，并且深度学习基础较为薄弱的读者。本书作者从"磐创 AI"公众号的运营经验来看，入门类文章的阅读量较大，说明从基础知识开始学习深度学习的读者基数较大。因此，本书从深度学习的基础知识开始讲起，旨在以原理与实战相结合的方式，带着读者学习和掌握 TensorFlow 2.0。

本书配套的 GitHub 项目地址为 https://github.com/lqhou/TensorFlow2.0-Book。该仓库包含书中所有的代码，以及给读者推荐的参考资料和学习书籍。本书是一本 TensorFlow 入门书，可以让读者快速上手 TensorFlow，并动手实现深度学习的算法。然而，深度学习的知识点很多，也很复杂，大家要想进一步提升，还得在本书的基础上结合其他相关资料和书籍学习。

本书主要内容

本书共 7 章。

第 1 章"机器学习基础"介绍了机器学习相关的基础知识，帮助初学者快速了解相关的方法和概念。本章是学习后续章节内容的基础。

第 2 章" TensorFlow 基础"介绍了 TensorFlow 2.0 的基础知识和使用方法，包括 TensorFlow CPU 和 GPU 版本的安装、TensorFlow 常见的基本概念，以及常用的高级 API 的使用等。

第 3 章"前馈神经网络"从最简单的神经网络模型讲起，由浅入深地介绍神经网络的结构和计算，介绍了常用的激活函数和损失函数，以及反向传播算法的完整计算过程。

第 4 章"卷积神经网络"介绍了卷积神经网络的基本结构和特征，通过实战项目介绍如何使用 TensorFlow 搭建基本的卷积神经网络模型，解决实际问题。

第 5 章"循环神经网络"首先介绍简单循环神经网络及其常用结构，接着介绍了基于门控制的循环神经网络，以及注意力机制等。

第 6 章"深度强化学习"介绍了强化学习的基本概念和方法，结合代码介绍了三种基本的强化学习算法，最后在此基础上介绍了两种深度强化学习算法。

第 7 章"项目实战"包含了 5 个实战项目：两个 CNN 项目、两个 RNN 项目，以及一个 DRL 项目。每个实战项目都详细介绍了从数据预处理到模型训练和使用的完整流程。

答疑和交流

由于作者水平有限，书中难免存在一些错误和不足之处，敬请大家给予批评指正。大家可以访问电子工业出版社的博文视点社区（www.broadview.com.cn），以及专享答疑群（见右侧二维码），在这里给本书提交勘误，与本书作者交流。

侯伦青

2020 年 1 月

读者服务

微信扫码回复：37974

· 获取博文视点学院 20 元付费内容抵扣券

· 获取免费增值资源

· 加入读者交流群，与更多读者互动

· 获取精选书单推荐

目　录

第 1 章　机器学习基础

本章内容

◎ 人工智能的发展及其面临的挑战
◎ 机器学习的基础知识和基本概念
◎ 特征工程的方法和流程
◎ 深度学习的发展及应用

1956 年 8 月，约翰·麦卡锡在美国达特茅斯学院（Dartmouth College）发起的一次研讨会上首次提出了"人工智能"这个概念。这次会议因此被公认为是人工智能诞生的标志。在之后 60 多年的时间里，人工智能的发展起起伏伏、忽"冷"忽"热"。2016 年，AlphaGo 与李世石的那场"世纪大战"彻底点燃了大众的热情。当前，人工智能成了一个"香饽饽"，很多国家都在积极争夺人工智能领域的话语权，各大公司也都不断加大在人工智能领域的投入。人工智能成为继个人电脑、互联网、移动互联网之后的又一次浪潮，对于想要转行人工智能领域的人或者人工智能领域的从业者来说，当下就是一个不折不扣的黄金时代。

作为解决人工智能领域中问题的工具，机器学习和深度学习目前正被广泛地学习和使用。本书希望帮助读者快速掌握谷歌公司研发的 TensorFlow 这一深度学习框架，同时对深度学习的算法有一个初步的了解，并能够利用这一框架和深度学习算法解决自己所面临的问题。

本章知识结构图

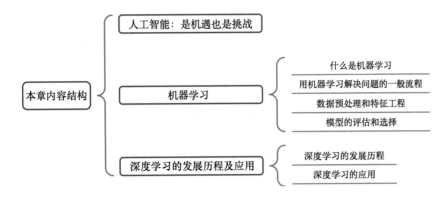

1.1　人工智能：是机遇也是挑战

从谷歌推出无人驾驶汽车到 AlphaGo 战胜人类顶级围棋高手李世石，再到阿里巴巴成立人工智能研究院——达摩院，关于人工智能的话题近几年时常霸占各大媒体的头条。随着国务院于 2017 年 7 月 8 日印发并实施《新一代人工智能发展规划》，人工智能也被提到国家发展的战略高度。

人工智能（Artificial Intelligence）目前还没有一个统一和明确的定义。我们可以简单地认为：人工智能旨在研究如何让计算机拥有（或部分拥有）人类的智力，从而解决现实中只有依靠人的智力才能解决的问题。

目前，人工智能的应用已经非常广泛，涵盖金融、电商、医疗、制造业、教育等多个领域，诸如语音识别、翻译系统、推荐系统、图片处理功能，以及个性化新闻推荐等，这些具体的应用场景和我们的生活息息相关。而在未来，人工智能将覆盖更多的领域，这不仅是一场科技的革命，更是时代的大势所趋。人工智能应用必然会全方位地渗入我们日常生活中的点点滴滴。

对于人工智能的讨论，有两种极端的观点：一种是过分夸大人工智能的能力，甚至炒作所谓的"人工智能威胁论"，另一种则是过于贬低人工智能的潜在价值。人工智能还处在一个"幼小"的年龄段，这两种观点都不利于人工智能的发展。虽然人工智能并没有那么强，但是在很多的现实问题中，人工智能解决方案的确已经很好了，所以我们也应该重视人工智能未来的发展潜力。这次浪潮过后，我们无法预测人工智能的发展会面临什么样的境地，本书的撰写目的就是让更多的人快速加入人工智能领域，能让更多的项目落地。我们只有正视人工智能，让它保持一个健康的发展势头，才能依靠它创造出最大的价值。

1.2　机器学习

1.2.1　什么是机器学习

机器学习（Machine Learning）是让计算机能够自动地从某些数据中总结出规律，并得出某种预测模型，进而利用该模型对未知数据进行预测的方法。它是一种实现人工智能的方式，是一门交叉学科，综合了统计学、概率论、逼近论、凸分析、计算复杂性理论等。

目前机器学习的研究和应用大概集中在如图 1-1 所示的领域。

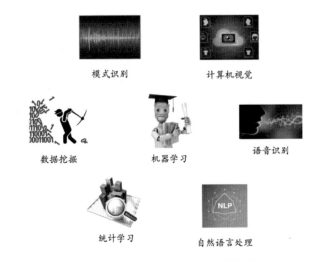

图 1-1　机器学习的研究和应用领域

其中，机器学习让统计学习得到延伸；模式识别侧重于"感知"特征，而机器学习则会"学习"特征；数据挖掘领域中用到的算法也经常可在模式识别和机器学习中应用。计算机视觉、语音识别和自然语言处理（这里特指文本处理）目前是机器学习领域最热门的三大方向。

- 计算机视觉是一门研究如何让机器替代人的眼睛，对"看到"的图片进行分析、处理的科学，在图像分类、人脸识别、车牌识别、目标检测及自动驾驶等均有十分广泛的应用。
- 目前基于深度学习的语音识别和语音合成技术已经非常成熟，应用随处可见，如智能音箱、实物机器人（例如早教机器人）及虚拟人物等。
- 自然语言处理旨在使用自然语言处理技术让计算机"读懂"人类的语言，相关应用有机器翻译、智能客服、垃圾信息识别等。

目前，机器学习大致可以分为以下几类。

（1）有监督学习（Supervised Learning）：当我们已经拥有一些数据及数据对应的类标时，就可以通过这些数据训练出一个模型，再利用这个模型去预测新数据的类标，这种情况称为有监督学习。有监督学习可分为回归问题和分类问题两大类。在回归问题中，我们预测的结果是连续值；而在分类问题中，我们预测的结果是离散值。常见的有监督学习算法包括线性回归、逻辑回归、K- 近邻、朴素贝叶斯、决策树、随机森林、支持向量机等。

（2）无监督学习（Unsupervised Learning）：在无监督学习中是没有给定类标训练样本的，这就需要我们对给定的数据直接建模。常见的无监督学习算法包括 K-means、EM 算法等。

（3）半监督学习（Semi-supervised Learning）：半监督学习介于有监督学习和无监督学习之间，给定的数据集既包括有类标的数据，也包括没有类标的数据，需要在工作量（例如数据的打标）和模型的准确率之间取一个平衡点。

（4）强化学习（Reinforcement Learning）：从不懂到通过不断学习、总结规律，最终学会的过程便是强化学习。强化学习很依赖于学习的"周围环境"，强调如何基于"周围环境"而做出相应的动作。

具体分类如图 1-2 所示。

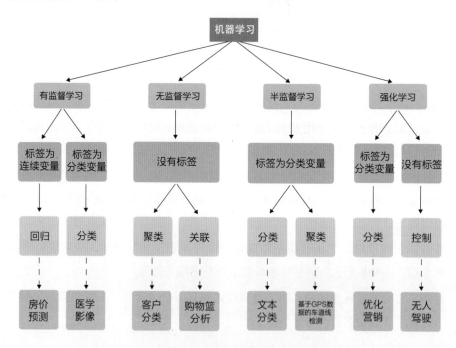

图 1-2　机器学习的分类

1.2.2　用机器学习解决问题的一般流程

用机器学习解决问题的一般流程如图 1-3 所示。

（1）收集数据

业界有一句非常流行的话："数据和特征决定了机器学习的上界，而模型和算法只是去逼近这个上界"，由此可见，数据对于整个机器学习项目来说至关重要。当我们面临一个实际的问题时，如果既有想法，又有一些相关数据，有可能是有用的，也有可能是无用的，则这里的数据收集是指根据需求从已有数据中找出我们真正需要的数据；而如果只有想法，没有数据，则这里的数据收集是指对数据的搜寻和整理等，如利用网络爬虫技术从互联网爬取数据，或因学习和研究的便利而使用公开数据集。

输入数据较简单，此处略写。

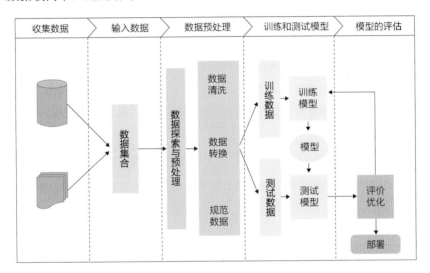

图 1-3　用机器学习解决问题的一般流程

（2）数据预处理

无论是我们自己收集的数据还是公开数据集，通常都会存在各种各样的问题，例如数据不完整、格式不一致、存在异常数据，以及正负样本数量不均衡等。因此，需要对数据进行一系列的处理，如清洗、转换、规范等之后才能拿来使用，这个过程即为数据预处理。

（3）特征工程

目前在机器学习或深度学习相关的书籍中，很少会有专门把特征工程拿出来单独介绍的（在一些与数据分析或数据挖掘相关的书籍中可能会介绍得相对多一些）。的确，对于整个机器学习的项目来说，特征工程只是其中很小的一部分工作，但是千万不能忽略这"很小的一部分工作"的重要性。一个机器学习任务的成功与否往往在很大程度上取决于特征工程。简单来说，特征工程的任务是从原始数据中抽出最具代表性的特征，从而让模型能够更有效地学习这些数据。通常我们可以使用 scikit-learn 这个库来处理数据和提取特征，scikit-learn 是机器学习中使用非常广泛的第三方模块，本身封装了很多常用的机器学习算法，同时还有很多数据处理和特征提取相关的方法。

（4）训练和测试模型

处理好数据之后，就可以选择合适的机器学习算法进行模型训练了。可供选择的机器学习算法有很多，每个算法都有自己的适用场景，那么如何选择合适的算法呢？

首先，要对处理好的数据进行分析，判断数据是否有类标，若有类标，则应该考虑使用有监督学习的相关算法，否则可以作为无监督学习问题处理；其次，判断问题类型，属于分类问题还是回归问题；最后根据问题的类型选择具体的算法训练模型。实际工作上会使用多种算法，或者相同算法的不同参数进行评估。

此外，还要考虑数据集的大小，若数据集小，训练的时间较短，则通常考虑采用朴素贝叶斯等轻量级算法，否则就要考虑采用 SVM 等重量级算法，甚至考虑使用深度学习的算法。

（5）模型的评估

常用的模型评估方法及相关的评估指标可参见 1.2.5 节介绍。

到此已经介绍了机器学习的大致流程和相关方法，接下来将进一步介绍其中重要环节——数据预处理、特征工程，以及模型的选择与评估。

1.2.3　数据预处理

根据数据类型的不同，数据预处理的方式和内容也不尽相同，这里简单介绍几种较常用的方式。

（1）归一化

归一化指将不同变化范围内的值映射到一个固定的范围里，例如，常使用 min-max 等方法将数值归一化到 [0,1] 的区间内（有些时候也会归一化到 [-1,1] 的区间内）。归一化的作用包括无量纲化[①]、加快模型的收敛速度，以及避免小数值的特征被忽略等。

（2）标准化

标准化指在不改变数据原分布的前提下，将数据按比例缩放，使之落入一个限定的区间，让数据之间具有可比性。需要注意的是，归一化和标准化各有其适用的情况，例如在涉及距离度量或者数据符合正态分布的时候，应该使用标准化而不是归一化。常用的标准化方

---

① 假设要对人进行分类，人的身高和体重这两个信息是同等重要的，但是身高和体重的单位和取值范围是不一样的，这会造成数据不好统一处理，归一化就能解决这一问题。

法有 z-score 等。

（3）离散化

离散化指把连续的数值型数据进行分段，可采用相等步长或相等频率等方法对落在每一个分段内的数值型数据赋予一个新的统一的符号或数值。离散化是为了适应模型的需要，有助于消除异常数据，提高算法的效率。

（4）二值化

二值化指将数值型数据转换为 0 和 1 两个值，例如通过设定一个阈值，当特征的值大于该阈值时转换为 1，当特征的值小于或等于该阈值时转换为 0。二值化的目的在于简化数据，有些时候还可以消除数据（例如图像数据）中的"杂音"。

（5）哑编码

哑编码，又称为独热编码（One-Hot Encoding），作用是对特征进行量化。例如某个特征有三个类别："大""中"和"小"，要将这一特征用于模型中，必须将其数值化，很容易想到直接给它们编号为"1""2"和"3"，但这种方式引入了额外的关系（例如数值间的大小关系），"误导"模型的优化方向。一个更好的方式就是使用哑编码，例如"大"对应编码"100"，"中"对应编码"010"，"小"对应编码"001"。如果将其对应到一个三维的坐标系中，则每个类别对应一个点，且三个点之间的欧氏距离相等，均为 $\sqrt{2}$。

1.2.4　特征工程

特征工程的目的是把原始的数据转换为模型可用的数据，主要包括三个子问题：特征构造、特征提取和特征选择。

- 特征构造一般是在原有特征的基础上做"组合"操作，例如，对原有特征进行四则运算，从而得到新的特征。
- 特征提取指使用映射或变换的方法将维数较高的原始特征转换为维数较低的新的特征。
- 特征选择即从原始的特征中挑选出一些具有代表性、使模型效果更好的特征。

其中，特征提取和特征选择最为常用。

（1）特征提取

特征提取又叫作"降维"，目前线性特征的常用提取方法有主成分分析（Principle Component Analysis，PCA）、线性判别分析（Linear Discriminant Analysis，LDA）和独立成分分析（Independent Component Analysis，ICA）。

① 主成分分析

主成分分析是一种经典的无监督降维方法，主要思想是用"减少噪声"和"去冗余"来降维。具体来说：

- "减少噪声"指在将维数较高的原始特征转换为维数较低的新特征的过程中保留维度间相关性尽可能小的特征维度，这一操作实际上是借助协方差矩阵实现的；

- "去冗余"指把"减少噪声"操作之后保留下来的维度进行进一步筛选，去掉含有"特征值"较小的维度，使得留下来的特征维度含有的"特征值"尽可能大，特征值越大，方差就会越大，进而所包含的信息量就会越大。

主成分分析完全无参数限制，也就是说，结果只与数据有关，而用户是无法进行干预的。这是它的优点，同时也是缺点。针对这一特点，Kernel-PCA 被提出，使得用户可以根据先验知识预先对数据进行非线性转换，因而成为当下流行的方法之一。

② 线性判别分析

线性判别分析是一种经典的有监督降维算法，主要思想是借助协方差矩阵、广义瑞利熵等实现数据类别间距离的最大化和类别内距离的最小化。二分类线性判别分析中，二维特征是通过一系列矩阵运算实现从二维平面到一条直线的投影的，同时借助协方差矩阵、广义瑞利熵等实现类间数据的最大化与类内数据的最小化。从二分类推广到多分类，是通过在二分类的基础上增加"全局散度矩阵"来实现最终目标优化函数设定的，从而实现类间距离的最大化和类内距离的最小化。显然，由于它是针对各个类别做的降维，所以数据经过线性判别分析降维后，最多只能降到原来的类别数减 1 的维度。

因此，线性判别分析除实现降维外，还可以实现分类。另外，对比主成分分析可以看出，线性判别分析在降维过程中着重考虑分类性能，而主成分分析着重考虑特征维度之间的差异性与方差的大小，即信息量的大小。

③ 独立成分分析

独立成分分析的主要思想是在降维的过程中保留相互独立的特征维度。这比主成分分析更进一步，在保证特征维度之间不相关的同时保证相互独立。不相关只是保证了特征维度之间没有线性关系，而并不能保证它们之间是独立的。

独立成分分析正因为以保证特征维度之间的相互独立为目标，往往会有比主成分分析更好的降维效果，目前已经被广泛应用于数据挖掘、图像处理等多个领域。

（2）特征选择

不同的特征对模型的影响程度不同，我们要选择出对模型影响大的特征，移除不太相关的特征，这个过程就是特征选择。特征选择的最终目的是通过减少冗余特征来减少过拟合、提高模型准确度、减少训练时间。特征选择是对原始特征取特征子集的操作，而特征提取则是对原始特征进行映射或者变换操作，以得到低维的新特征。

特征选择在特征工程中十分重要，往往可以在很大程度上决定模型训练结果的好坏。常用的特征选择方法包括过滤式（Filter）、包裹式（Wrapper）及嵌入式（Embedding）。

① 过滤式

过滤式特征选择一般通过统计度量的方法来评估每个特征和结果的相关性，以对特征进行筛选，留下相关性较强的特征。其核心思想是：先对数据集进行特征选择，再进行模型的训练。过滤式特征选择是独立于算法的。正因此，过滤式特征选择拥有较高的通用性，可适用于大规模数据集；也正因此，过滤式特征选择在分类准确率上的表现欠佳。常用的过滤式特征选择方法有 Pearson 相关系数法、方差选择法、假设检验、互信息法等，这些方法通常是单变量的。

② 包裹式

包裹式特征选择通常把最终机器学习模型的表现作为特征选择的重要依据，一步步筛选特征。这一一步步筛选特征的过程可以被看作目标特征组合的搜索过程，而这一搜索过程可应用最佳优先搜索、随机爬山算法等。目前比较常用的一种包裹式特征选择法是递归特征消除法，其原理是使用一个基模型（如随机森林、逻辑回归等）进行多轮训练，每轮训练结束后，消除若干权值系数较低的特征，再基于新的特征集进行新的一轮训练。

由于包裹式特征选择是根据最终的模型表现来选择特征的，所以它通常比过滤式特征选择有更好的模型训练表现。但是，由于训练过程时间久，系统的开销也更大，一般来说，包裹式特征选择不太适用于大规模数据集。

③ 嵌入式

嵌入式特征选择同样根据机器学习的算法、模型来分析特征的重要性，从而选择比较重要的 N 个特征。与包裹式特征选择最大的不同是，嵌入式特征选择将特征选择过程与模型的训练过程结合为一体，这样就可以更高效且快速地找到最佳的特征集合。简而言之，嵌入式特征选择将全部的数据一起输入模型中进行训练和评测，而包裹式特征选择一般一步步地筛选和减少特征进而得到所需要的特征维度。常用的嵌入式特征选择方法有基于正则化项（如 Lasso）和基于树模型的特征选择（如 GBDT）。

1.2.5 模型的评估和选择

1. 评估方法

我们肯定希望训练得到的模型在新的数据集上总能表现出很好的性能，因此我们希望模型能够尽可能多地学习到有代表性的样本数据的特征。在机器学习中有两个常见的现象，分别是"过拟合"和"欠拟合"。当模型把训练数据的特征学习得"太好"的时候，往往会出现"过拟合"的现象，与之相对的就是"欠拟合"，即模型没有学习好训练数据的特征。图 1-4 所示的是一个简单的例子。

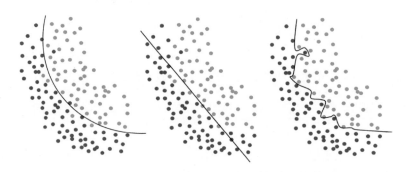

（从左至右依次为：理想情况、欠拟合和过拟合）
图 1-4 "过拟合"和"欠拟合"示例

无论是"过拟合"还是"欠拟合"，都不是我们希望看到的。"欠拟合"通常是由于模型过于简单或者学习不够充分等原因导致的，相对来说比较容易解决。而"过拟合"一般是由于数据中的"噪声"或者模型将训练数据特有的一些特征当成了该类数据都会具有的一般特征而导致的，通常容易出现在训练数据过少、模型过于复杂或者参数过多的情况中。

为了得到一个效果好的模型，通常会选择多种算法，对每种算法都会尝试不同的参数组合，并比较哪一种算法、哪一种参数设置更好，这就是模型的选择，并有一些相应的评价方法和标准来对选择的模型进行评估，即模型的"性能度量"。

在介绍具体的模型评估方法之前，先澄清两个问题：什么是"参数"和"超参数"；怎么划分"训练集""测试集"和"验证集"。

"参数"即模型需要学习的内容，是模型"内部"的变量，比如模型的权重矩阵和偏置。

而"超参数"指在一个模型中可以人为设定和修改的参数，例如神经网络的层数、学习率及隐藏层神经元的个数等。实际操作中，我们除选择具体的模型外（例如，选择 LSTM 还是选择 Bi-LSTM），还要选择模型的"超参数"。

"训练集""测试集"和"验证集"的划分是模型的选择和训练过程中的一个重要环节。"测试集"很好理解，当我们训练好一个模型之后，要想知道这个模型的泛化能力好不好，可以用模型在"测试集"上的表现来近似评估模型的泛化能力。"验证集"又是什么呢？举个简单的例子，假设有一个训练集 A 和一个测试集 B，两个数据集没有重叠，用训练集 A 来训练模型，然后用测试集 B 来评估模型的"好坏"。此时可能会出现问题，即由于我们是以模型在测试集 B 上的表现来评价模型的"好坏"的，最后选择的模型可能刚好只能在测试集 B 上的表现比较好。因此，这样的模型是不具有代表性的。那么如何避免这个问题呢？方法就是再增加一个"验证集"，在选择模型的时候，使用"验证集"来评估模型的"好坏"。对于最终选定和训练好的模型，我们用"测试集"来评估模型的泛化能力。"训练集""测试集"和"验证集"的数据均不能有重叠，通常三个数据集的划分比例为 8∶1∶1。虽然在平时表述的时候，我们通常不会严格地区分"测试集"和"验证集"（一般习惯性地都用"测试集"表述），但是为了避免混淆并确保规范，在本书中统一使用"验证集"。

接下来介绍模型评估的常见方法：留出法、交叉验证法、留一法[①]及自助法。

（1）留出法

留出法（Hold-out）是一种较为简单的方法，它直接将数据集 D 划分为训练集 T 和验证集 V，集合 T 和集合 V 是互斥的，即 $D = T \cup V$，且 $T \cap V = \varnothing$。

需要注意的是，为了确保"训练集"和"验证集"中数据分布的一致性，要使用"分层采样"划分数据集。举个简单的例子，假设数据集中有 100 个样本，其中有 50 个正例和 50 个负例，训练集 T 和验证集 V 的样本数比例为 4∶1，即训练集 T 有 80 个样本，验证集 V 有 20 个样本。若使用"分层采样"，则训练集 T 中应该有 40 个正例和 40 个负例，而验证集 V 中应该有 10 个正例和 10 个负例。

由于数据的划分具有随机性，通过一次划分数据集训练后得到的模型，在"验证集"上的表现不一定能体现出模型真正的效果，所以一般会多次划分数据集并训练模型，并取多次实验结果的平均值作为最终模型评估的结果。

留出法还存在一个问题，即"训练集"和"验证集"的比例该如何确定。这个问题在数

---

① 交叉验证法的一个特例。

据样本足够多的时候可以不用考虑，但在数据样本不是特别多的时候就会造成一定困扰，一般的做法是将数据的 $\frac{2}{3}$ ~ $\frac{4}{5}$ 作为"验证集"。

（2）交叉验证法

交叉验证法（Cross Validation）将数据集 D 划分为 k 个大小相同但互斥的子集，即 $D = D_1 \cup D_2 \cup \cdots \cup D_k, D_i \cap D_j = \varnothing (i \neq j)$。为了确保数据分布的一致性，这里我们同样使用"分层采样"划分数据集。

对于划分得到的 k 个数据集，我们每次使用其中的一个作为"验证集"，剩下的 k-1 个作为"训练集"，将得到的 k 个结果取平均值，作为最终模型评估的结果，我们称这种方法为" k 折交叉验证"。和留出法一样，为了排除数据集划分的影响，我们对数据集 D 进行 p 次划分，每次划分得到 k 个子集，然后进行 p 次" k 折交叉验证"，并取这 p 次" k 折交叉验证"结果的平均值作为最终的结果。我们称这种方法为" p 次 k 折交叉验证"，常见的有"5 次 10 折交叉验证"或"10 次 10 折交叉验证"。

交叉验证法有一种特殊的情况，假设数据集大小为 m，若使得 k 的值等于 m，则把这种情况称为留一法，因为这时"验证集"中只有一个样本。留一法的优点是不存在数据集划分所产生的影响，但是当数据集较大时，对于样本数量为 m 的数据集，使用留一法就得训练 m 个模型，这会需要很大的计算开销。

（3）自助法

自助法是一种基于自助采样的方法，通过采样从原始数据集中产生一个训练集。假设数据集 D 包含 m 个样本，每次随机且有放回地从数据集 D 中挑选出一个样本添加到数据集 D' 中，重复进行 m 次后得到一个和原始数据集 D 大小相同的数据集 D'。在数据集 D 中，样本在 m 次采样中均不被抽到的概率为 $\left(1-\frac{1}{m}\right)$，取极限可以得到：

$$\lim_{m \to \infty}\left(1-\frac{1}{m}\right)^m \qquad \text{（式 1-1）}$$

求解式 1-1 可以得到其值为 $\frac{1}{e}$，约等于 36.8%。因此，在 m 次采样后，数据集 D 中仍然有约 36.8% 的样本没有被抽到，我们可以用这些数据作为验证集，即 $T = D'$，$V = D - D'$。

自助法比较适用于样本数量较少的情况，因为即使划分了验证集也并没有减少训练集的数量；此外，使用自助法可以从原始数据集中产生出多个互不相同的训练集，这对集成学习很有帮助。自助法也有缺点，因为训练集的产生是随机采样得到的，所以数据样本分布的一致性就被破坏了。

表 1-1 是对上述模型评估方法的总结。

表 1-1　常用的模型评估方法

评估方法	集合关系	注意事项	优点和缺点
留出法 (Hold-out)	$D = T \cup V$ $T \cap V = \varnothing$	要使用"分层采样",尽可能保持数据分布的一致性;为了保证可靠性,需要重复实验后取平均值作为最终的结果	训练集/验证集的划分不好控制,验证集划分得过小或者过大,都会导致测试结果的有效性得不到保证
交叉验证法 (Cross Validation)	$D = D_1 \cup \cdots \cup D_k$ $D_i \cap D_j = \varnothing \ (i \neq j)$	为了排除数据划分引入的误差,通常使用"p 次 k 折交叉验证"	稳定性和保真性很大程度上取决于 k 的值
留一法 (Leave-One-Out,LOO)	$D = D_1 \cup \cdots \cup D_k$ $D_i \cap D_j = \varnothing \ (i \neq j)$ $k = \lvert D \rvert$	交叉验证法的特例,k 值取总数据集的大小	不受样本划分的影响,但是当数据量较大时,计算量也较大
自助法 (Bootstrapping)	$\lvert T \rvert = \lvert D \rvert$ $V = D/T$	有放回的重复采样	适合在数据量较少的时候使用;有放回的重复采样破坏了原始数据的分布,会引入估计偏差

2. 性能度量

介绍完评估的方法,接下来了解用来衡量机器学习模型泛化能力的评价标准,即模型的性能度量(Performance Measure)。

（1）正确率（Accuracy）和错误率（Error Rate）

正确率与错误率是分类任务中常用的两个评价指标,很好理解。正确率是指分类器预测正确的数据样本数占验证集中样本总数的比例。相应地,错误率是指在验证集上,分类器预测错误的数据样本数占验证集中样本总数的比例。具体计算方式如下:

$$正确率 = \frac{预测正确的样本数}{验证集的样本总数} \qquad (式 1\text{-}2)$$

$$错误率 = \frac{预测错误的样本数}{验证集的样本总数} \qquad (式 1\text{-}3)$$

（2）查准率（Precision）、查全率（Recall）与 F1

虽然正确率和错误率是常用的两个评价指标,但有时可能需要更细致的度量指标。举个例子,假设我们训练好了一个垃圾邮件分类的模型,可将垃圾邮件和正常邮件进行分类,这是一个简单的二分类模型。模型都不会是百分之百准确的,因此就需要有一个考量。有些用户希望尽可能地排除掉所有的垃圾邮件，哪怕偶尔将一些正常邮件误判为垃圾邮件；还有一些用户可能会有很多重要的邮件，所以他们希望这些重要的邮件都能被正常收到，哪怕收到少数垃圾邮件。这个时候我们关心的有两点：第一点，在分类得到的"正常邮件"中有多少是真正的正常邮件；第二点，在所有的正常邮件中，有多少被正确地分类了。这个时候，我们就需要有新的度量指标：查准率和查全率（也称为"召回率"）。

以二分类为例，对于分类器的分类结果，需要统计四种数据，如表 1-2 所示。

表 1-2　计算查准率和查全率时需要统计的数据

条　　目	描　　述
真正例（True Positive）	真实值（actual）= 1，预测值（predicted）= 1
假正例（False Positive）	真实值（actual）= 0，预测值（predicted）= 1
真反例（True Negative）	真实值（actual）= 0，预测值（predicted）= 0
假反例（False Negative）	真实值（actual）= 1，预测值（predicted）= 0

令 TP、FP、TN 和 FN 分别表示上述四种情况所对应的数据样本个数，根据统计的数据，我们可以做出一张表，这张表称为"混淆矩阵（Confusion Matrix）"，如表 1-3 所示。

表 1-3　二分类结果的混淆矩阵

预测值＼真实值	正例（Positive）	反例（Negative）
正例（Positive）	TP（真正例）	FN（假反例）
反例（Negative）	FP（假正例）	TN（真反例）

查准率与查全率的定义分别如下：

$$\text{Precision} = \frac{\text{TP}}{\text{TP} + \text{FP}} \qquad (式 1\text{-}4)$$

$$\text{Recall} = \frac{\text{TP}}{\text{TP} + \text{FN}} \qquad (式 1\text{-}5)$$

相应地，正确率（Accuracy）和错误率（Error Rate）可以表示为

$$\text{Accuracy} = \frac{\text{TP} + \text{TN}}{\text{TP} + \text{FP} + \text{TN} + \text{FN}} \qquad (式 1\text{-}6)$$

$$\text{Error Rate} = \frac{\text{FP} + \text{FN}}{\text{TP} + \text{FP} + \text{TN} + \text{FN}} \qquad (式 1\text{-}7)$$

下面看一个简单的三分类的例子。假设实现猫、狗和兔子的分类，用训练好的模型对

验证集（约定验证集中每个类别有 1000 个数据样本）进行判别，得到了如表 1-4 所示的混淆矩阵。

表1-4　三分类结果的混淆矩阵

预测值 真实值	猫	狗	兔子
猫	812	88	100
狗	60	908	32
兔子	132	70	798

对应上面的混淆矩阵，我们可以将其拆成三个二分类的矩阵，以猫为例，如表 1-5 所示。

表1-5　对于猫的二分类混淆矩阵

预测值 真实值	猫	狗、兔子
猫	TP = 812	FN = 88+100
狗、兔子	FN = 60+132	TN = (908+32)+(70+798)

根据式 1-4 与式 1-5 可得：

$$\text{Precision}_{猫} = \frac{812}{812+(60+132)} = 0.808 \qquad \text{Recall}_{猫} = \frac{812}{812+(88+100)} = 0.812$$

在绝大多数情况下，查准率和查全率总是相对立的，当查准率高的时候，查全率往往会偏低，而当查全率高的时候，查准率又会偏低。对于前面提到的垃圾邮件过滤的例子，如果想尽可能地过滤掉垃圾邮件，那就免不了会把一些正常邮件也误判为垃圾邮件；如果想要尽可能地保留所有的正常邮件，那就免不了也会保留一些垃圾邮件。所以，在通常情况下，我们需要根据自己的实际需要来设定一个合适的阈值，使得查准率和查全率的平衡点能最好地满足需求。

在以正确率和错误率作为模型的评价指标时，可以简单地通过比较两个模型的正确率来判断孰优孰劣。在以查准率和查全率为评价指标时，要如何比较呢？常见的有两种方法：做 P-R 图和计算 F1。本书选择介绍后者，这是一种更常用、更直接的度量方法，在阿里天池、Kaggle 等比赛中，也经常使用 F1 作为模型的评价指标，它是查准率和查全率的一种加权平均。

F1 度量的计算公式如下：

$$F1 = \frac{2 \times Precision \times Recall}{Precision + Recall} = \frac{2 \times TP}{验证集的样本总数 + TP - TN} \qquad (式 1\text{-}8)$$

由于在不同情况下对查准率和查全率的侧重不同，所以需要有一个一般形式的 F1 度量，记为 F_β：

$$F_\beta = \frac{(1+\beta^2) \times Precision \times Recall}{(\beta^2 \times Precision) + Recall} \qquad (式 1\text{-}9)$$

在上式中，当 β 的值大于 1 时，代表模型的评价更侧重于查全率，当 $0 < \beta < 1$ 时，模型的评价更侧重于查准率，当 $\beta = 1$ 时，F_β 等价于 F1。

1.3 深度学习的发展历程及应用

1.3.1 深度学习的发展历程

作为机器学习的一个重要分支，深度学习近年来在全球范围内都引起了广泛的关注。然而深度学习在火热之前已经经历了一段漫长的发展历程，接下来我们简单了解一下。

1. 起源

1943 年，心理学家麦卡·洛克和数学逻辑学家皮兹发表论文《神经活动中内在思想的逻辑演算》，在此论文中提出了 MP 模型。MP 模型是模仿神经元的结构和工作原理，构造出的一个基于神经网络的数学模型，本质上是一种"模拟人类大脑"的神经元模型（这里有必要说明的是，我们说的"模拟"，更准确的说法其实应该是"参考"，计算机领域的"人工神经网络"的确受到了生物学上的"神经网络"的启发，但是两者相差万里，没有直接的可比性）。MP 模型作为人工神经网络的起源，开创了人工神经网络的新时代，也奠定了神经网络模型的基础。

1949 年，加拿大著名心理学家唐纳德·赫布在《行为的组织》中提出了一种基于无监督学习的规则——海布学习规则（Hebb Rule）。海布学习规则模仿人类认知世界的过程建立一种"网络模型"，该网络模型针对训练集进行大量的训练并提取训练集的统计特征，然后按照样本的相似程度进行分类，把相互之间联系密切的样本分为一类，这样就把样本分成了若干类。海布学习规则与"条件反射"机理一致，为以后的神经网络学习算法奠定了基础，具有重大的历史意义。

20 世纪 50 年代末，在 MP 模型和海布学习规则的研究基础上，美国科学家罗森·布拉特发现了一种类似于人类学习过程的学习算法——感知器学习，并于 1957 年正式提出了由两层神经元组成的神经网络，即"感知器"。感知器本质上是一种线性模型，可以对输入的训练集数据进行二分类，且能够在训练集中自动更新权值。感知器的提出吸引了大量科学家研究人工神经网络，对神经网络的发展具有里程碑式的意义。

但随着研究的深入，人们发现了感知器模型甚至无法解决最简单的线性不可分问题（例如异或问题）。由于这一不足，再加上没有及时推进多层神经网络，20 世纪 70 年代，人工神经网络进入第一个寒冬期，人工神经网络的发展也受到了很大的阻碍甚至质疑。

2. 发展

1982 年，著名物理学家约翰·霍普菲尔德发明了 Hopfield 神经网络。Hopfield 神经网络是一种结合存储系统和二元系统的循环神经网络。Hopfield 网络也可以模拟人类的记忆，根据选取的激活函数不同，有连续型和离散型两种类型，分别用于优化计算和联想记忆。但该算法由于容易陷入局部最小值的缺陷而未在当时引起很大的轰动。

直到 1986 年，深度学习之父杰弗里·辛顿提出了一种适用于多层感知器的反向传播算法，即 BP 算法。BP 算法在传统神经网络正向传播的基础上，增加了误差的反向传播过程，在反向传播过程中不断地调整神经元之间的权值和阈值，直到输出的误差减小到允许范围之内，或达到预先设定的训练次数为止。BP 算法解决了非线性分类问题，让人工神经网络再次引起了人们广泛的关注。

但是 20 世纪 80 年代计算机的硬件水平有限，运算能力跟不上，以及当神经网络的层数增加时，BP 算法会出现"梯度消失"等问题，使得 BP 算法的发展受到了很大的限制。再加上 20 世纪 90 年代中期，以 SVM 为代表的浅层机器学习算法被提出，并在分类问题、回归问题上均取得了很好的效果，其原理相较于神经网络模型具有更好的可解释性，所以人工神经网络的发展再次进入了瓶颈期。

3. 爆发

2006 年，杰弗里·辛顿及其学生鲁斯兰·萨拉赫丁诺夫正式提出了深度学习的概念。他们在世界顶级学术期刊 *Science* 发表的一篇文章中详细地给出了"梯度消失"问题的解决方案——通过无监督学习逐层训练算法，再使用有监督的反向传播算法进行调优。该方法的提出，立即在学术圈引起了巨大的反响，以斯坦福大学、多伦多大学为代表的众多世界知名高校纷纷投入巨大的人力、财力进行深度学习领域的相关研究，而后又迅速蔓延到工业界。

2012 年，在著名的 ImageNet 图像识别大赛中，杰弗里·辛顿领导的小组以深度学习模型 AlexNet 一举夺冠。AlexNet 采用 ReLU 激活函数，极大程度地解决了梯度消失问题，并采用 GPU 极大提高模型的运算速度。同年，由斯坦福大学著名的吴恩达教授和世界顶尖计算机专家 Jeff Dean 共同主导的深度神经网络——DNN 技术在图像识别领域取得了惊人的成绩，在 ImageNet 评测中成功地把错误率从 26% 降低到了 15%。深度学习技术在世界大赛的脱颖而出，再次进一步吸引了学术界和工业界对深度学习的关注。

随着深度学习技术的不断进步及计算机硬件算力的不断提升，2014 年，Facebook 基于深度学习技术的 DeepFace 项目，在人脸识别方面的准确率已经能达到 97% 以上，跟人类识别的准确率几乎没有差别。这样的结果也再一次证明了深度学习技术在图像识别方面的一骑绝尘。

2016 年，谷歌公司基于深度强化学习开发的 AlphaGo 以 4：1 的比分战胜了国际顶尖围棋高手李世石，深度学习的热度一时无两。后来，AlphaGo 又接连和众多世界级围棋高手过招，均取得了完胜。这也证明了在围棋界，基于深度学习技术的机器人几乎已经超越了人类。

2017 年，基于深度强化学习技术的 AlphaGo 升级版 AlphaGo Zero 横空出世，采用"从零开始""无师自通"的学习模式，以 100:0 的比分轻而易举地打败了之前的 AlphaGo。除了围棋，它还精通国际象棋等其他棋类游戏，可以说是真正的棋类"天才"。此外在这一年，深度学习的相关技术也在医疗、金融、艺术、无人驾驶等多个领域均取得了显著的成果。所以，也有专家把 2017 年看成深度学习甚至是人工智能发展最为突飞猛进的一年。

深度学习发展到当前已经越来越趋于成熟，因此，无论是科研还是应用，大家也越来越理性，而不是像早些时候，把深度学习视为"万能"，去盲目跟风。当然，深度学习领域也还有许多问题需要解决，还有很多有趣、有挑战性的方向可以研究。

1.3.2　深度学习的应用

深度学习技术不光在学术界，在工业界也有重大突破和广泛应用，其中自然语言处理、语音识别和图像处理应用最广泛。接下来，我们分别来看一下这三个领域的发展现状。

1. 自然语言处理

自然语言处理（NLP）是一门交叉科学，旨在让计算机能够"读懂"人类的语言。自然语言处理的基础研究包括分词、词性标注、实体识别、句法分析、语义分析以及文本向量化表示等，其应用领域有文档分类、信息检索、对话机器人、机器翻译、语音识别和合成等。

传统的自然语言处理主要利用语言学领域本身的知识结合统计学的方法来获取语言知识。后来伴随着机器学习浅层模型的发展（如 SVM、逻辑回归等），自然语言处理领域的研究取得了一定的突破，但在语义消歧、语言的理解等方面仍然显得力不从心。近年来，深度学习相关技术（DNN、CNN、RNN 等）取得了显著的进展，在自然语言处理方面的应用也展现出了明显的优势。

从算法上来看，词向量（Word Vector）作为深度学习算法在自然语言领域的先驱，有着极其广泛的应用场景，其基本思想是把人类语言中的词尽可能完整地转换成计算机可以理解的稠密向量，同时要保证向量的维度在可控的范围之内。在 Bahdanau 等人利用 LSTM 模型结合一些自定义的语料，解决了传统模型的"Out of dictionary word"问题之后，基于深度学习的自然语言处理较于传统方法的优势更为明显。而谷歌公司于 2018 年 10 月底发布的 BERT 模型，算是一个里程碑。目前，基于深度学习的自然语言处理在文本分类、机器翻译、智能问答、推荐系统及聊天机器人等方向都有着极为广泛的应用。

2. 语音识别与合成

语音相关的处理其实也属于自然语言处理的范畴，目前主要是语音合成（Text to Speech，TTS）和语音识别（Automated Speech Recognition，ASR）。语音识别应该是大家最为熟知的、也是应用最为广泛的。同自然语言处理类似，语音识别也是人工智能和其他学科的交叉领域，其所涉及的领域有模式识别、信号处理、概率论、信息论、发声原理等。近年来，随着深度学习技术的兴起，语音识别取得显著的进步，基于深度学习的语音技术不仅从实验室走向了市场，更得到了谷歌、微软、百度及科大讯飞等众多科技公司的青睐。语音输入法、家用聊天机器人、医疗语音救助机、智能语音穿戴设备等具体的应用场景层出不穷。

事实上，在深度学习算法还未普及之前的很长一段时间，语音识别系统大多采用高斯混合模型（GMM）这一机器学习浅层模型完成数据的量化和建模。由于该模型可以精确地量化训练集并对数据有较好的区分度，所以长期在语音识别领域占主导地位。直到 2011 年，微软公司推出了基于深度学习的语音识别系统，模拟人类大脑分层提取数据特征，使得样本特征之间的联系更加密切，完美地克服了 GMM 模型在高维数据处理方面的不足。目前，基于深度神经网络的模型仍然广泛应用在语音相关的各个领域中。

3. 图像领域

事实上，图像领域目前算是深度学习应用最为成熟的领域。也正是由于深度学习算法在 ImageNet 图像识别大赛中远超其他机器学习算法，以巨大优势夺魁，才推动了深度学习发展的第三次浪潮。目前，通过卷积神经网络（CNN）构建的图像处理系统能够有效地减小过拟合、很好地识别大像素数图像。融合 GPU 加速技术后，神经网络在实际中能够更好地拟合训练数据，更快、更准确地识别大部分的图片。总而言之，深度学习模型和图像处理技术的完美结合，不仅能够提高图像识别的准确率，同时还可以在一定程度上提高运行效率，减少一定的人力成本。

1.4 本章练习

1．什么是训练误差和测试误差？模型的过拟合与欠拟合会在训练误差和测试误差上有怎样的表现？

2．查准率和查全率总是相对的，试列举一些我们希望查准率更高或查全率更高的场景。

3．试阐述交叉验证的目的。

注：本书所有练习的参考解答和示例代码均在配套的 GitHub 项目中。

第 2 章　TensorFlow 基础

本章内容

◎ TensorFlow 2.0 介绍

◎ TensorFlow 2.0 的安装（CPU 和 GPU）

◎ TensorFlow 2.0 的使用

◎ 使用 GPU 加速

　　从本章开始我们就正式进入 TensorFlow 2.0 的学习了。这里重点介绍 TensorFlow 的基础知识和使用方法，为后面使用 TensorFlow 解决实际问题做好准备。2019 年 9 月，在谷歌开发者大会上，TensorFlow 2.0 RC 版正式发布。相比之前的 1.x 版[①]，2.0 版做了很大的改进，在确保灵活性和性能的前提下，易用性得到了很大的提升，对于初次接触 TensorFlow 的读者来说，建议直接从 2.0 版开始使用。

本章知识结构图

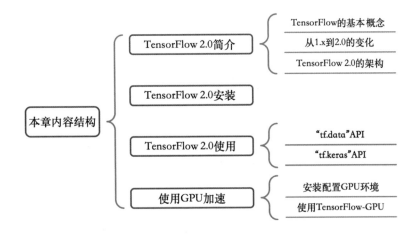

---

① 1.x 版泛指从 1.0 到 1.13 的各个 TensorFlow 版本。

2.1 TensorFlow 2.0 简介

谷歌公司在 2011 年启动了谷歌大脑（Google Brain）项目，该项目旨在探索超大规模的深度神经网络，一方面用于研究，另一方面也希望可以在谷歌公司的各类产品中使用，DistBelief 分布式机器学习框架便是该项目的一部分。DistBelief 曾在谷歌公司内部得到了广泛的使用，有超过 50 个谷歌公司团队（包括其子公司）在他们的产品中使用 DistBelief 部署了深度神经网络，包括搜索、广告、地图、语音识别及 YouTube 等系统。

TensorFlow 是谷歌公司在 DistBelief 的经验和基础上开发的第二代大规模分布式机器学习系统。为了打造一个行业标准，以及借助社区的力量来完善 TensorFlow 等目的，谷歌公司于 2015 年 11 月将 TensorFlow 在 GitHub 上开源。在从 TensorFlow 1.0 正式版发布（2017 年 2 月）到 TensorFlow 2.0 的 RC 版发布（2019 年 9 月）仅 2 年多时间中，TensorFlow 已经成为各类深度学习框架中的主力军。

TensorFlow 使用数据流模型来描述计算过程，并将它们映射到了各种不同的操作系统上，包括 Linux、Max OS X、Windows、Android 和 iOS 等，从 x86 架构到 ARM 架构，从拥有单个或多个 CPU 的服务器到大规模 GPU 集群，凭借着统一的架构，可以跨越多种平台部署，显著地降低了机器学习系统的应用部署难度，易用性得到了很大程度的提升。

2.1.1 TensorFlow 的基本概念

本节将简单地介绍 TensorFlow 的基本概念。

1. 计算图

计算图（Computation Graph）是一个有向图（Directed Graph），是对 TensorFlow 中计算任务的抽象描述，也称为数据流图（Data Flow Graph）。TensorFlow 使用计算图将计算表示成独立指令之间的依赖关系。在计算图中，节点表示计算单元（即一个独立的运算操作），图中的边表示计算使用或产生的数据。

TensorFlow 1.x 采用的是静态计算图机制，即我们使用 TensorFlow 低级 API 编程时，要先定义好计算图，再创建 TensorFlow 会话（Session）来执行计算图，可以反复调用它（1.x 版本提供的 Eager Execution 接口可以让用户使用动态计算图）。

TensorFlow 2.0 则采用了动态计算图机制（1.x 版本的 Eager Execution 在 2.0 中成为默认的执行方式），可以像执行普通的 Python 程序一样执行 TensorFlow 的代码，而不再需要自己预先定义好计算图，调试代码也更加容易。TensorFlow 1.x 的静态计算图机制一直被用户所诟病，调整为动态计算图机制是 TensorFlow 2.0 的一个重大改进，并且提供了方法，以保留静态计算图的优势。

2. 会话

在 1.x 版本中，会话（Session）是客户端程序与 TensorFlow 系统进行交互的接口，我们定义好的计算图必须在会话中执行。当会话被创建时会初始化一个空的图，客户端程序可以通过会话提供的"Extend"方法向这个图中添加新的节点来创建计算图，并通过"tf.Session"类提供的"run"方法来执行计算图。在大多数情况下只需要创建一次会话和计算图，之后可以在会话中反复执行整个计算图或者其中的某些子图。

TensorFlow 2.0 采用了动态计算图机制，就不需要在会话中执行计算图了，"tf.Session"类被放到了兼容模块"TensorFlow.compat.v1"中，这个模块里有完整的 TensorFlow 1.x 的 API。为了保留静态计算图的优势（例如性能优化和可移植性等），TensorFlow 2.0 提供了"tf.function"方法，对于使用"tf.function"方法修饰的 Python 函数，TensorFlow 可以将其作为单个图来运行。

3. 运算操作和运算核

计算图中的每一个节点就是一个运算操作（Operation，通常简称 Op），每一个运算操作都有名称，并且代表了一种类型的抽象运算，例如"MatMul"代表矩阵的乘法。每个运算操作都可以有自己的属性，但是所有的属性都必须被预先设置，或者能够在创建计算图时根据上下文推断出来。通过设置运算操作的属性可以让运算操作支持不同的张量（Tensor）元素类型，例如让向量加法操作运算只接收浮点类型的张量。运算核（Kernel）是一个运算操作在某个具体的硬件（比如 CPU 或 GPU）上的实现，在 TensorFlow 中可以通过注册机制加入新的运算操作或者为已有的运算操作添加新的运算核。

表 2-1 所示的是 TensorFlow 中的一些内建运算操作。

表 2-1　TensorFlow 的部分运算操作

运算类型	运算示例
标量运算	Add, Sub, Mul, Div, Exp, Log, Greater, Less, Equal 等
向量运算	Concat, Slice, Split, Constant, Rank, Shape, Shuffle 等
矩阵运算	MatMul, MatrixInverse, MatrixDeterminant 等
带状态的运算	Variable, Assign, AssignAdd 等
神经网络组件	SoftMax, Sigmoid, ReLU, Convolution2D, MaxPool 等
模型的保存和恢复	Save, Restore
队列及同步运算	Enqueue, Dequeue, MutexAcquire, MutexRelease 等
控制流	Merge, Switch, Enter, Leave, NextIteration

4. 张量

张量（Tensor）可以看作一个多维的数组或列表，它是对矢量和矩阵的更高维度的泛化，张量由"tf.Tensor"类定义。计算图中的一个运算操作可以获得 0 个或多个张量作为输入，运算后会产生 0 个或多个张量输出。这些张量在计算图的边中流动（Flow），从一个节点（运算操作）到另一个节点，TensorFlow 也因此而得名。

张量具有以下两个属性：

- 数据类型（同一个张量中的每个元素都具有相同的数据类型，例如 float32、int32 及 string）。

- 形状（即张量的维数及每个维度的大小）。

表 2-2 所示的是 TensorFlow 中张量的形状示例。

表 2-2　TensorFlow 中张量的形状示例

阶（维数）	数学实例	示　　例
0（$0 \sim D$）	标量	整数 5、字符串"hello"
1（$1 \sim D$）	矢量	列表 [1,3,5]
2（$2 \sim D$）	矩阵	一个 3×3 的矩阵
3（$3 \sim D$）	3 阶张量	一个 3×3×5 的 3 维张量
n（$n \sim D$）	n 阶张量	一个 $D_0 \times D_1 \cdots \times D_{n-1}$ 的 n 阶张量

TensorFlow 有一些特殊的张量，如下所示。

- **tf.Variable**：变量。TensorFlow 中的张量一般都不会被持久化保存，参与一次运算操作后就会被丢弃了。而变量是一种特殊的张量。对于那些需要被持久化保存的张量，可以用变量来代替。我们可以使用"tf.Variable"类来定义和操作变量，该类提供了一些操作让我们可以对变量的值进行更改，例如"assign"和"assign_add"等。模型的参数一般都是使用变量来存储的，在模型训练的过程中，参数会不断地更新。变量的值可以修改，但是其维度不可以改变。

- **tf.constant**：常量。常量定义时必须初始化值，且定义后其值和维度不可再改变。

- **tf.placeholder**：占位符。在执行"session.run()"方法时传入具体的值，TensorFlow 2.0 中不再使用，但依然可以在"TensorFlow.compat.v1"模块中找到。

- **tf.SparseTensor**：稀疏张量。

2.1.2　从 1.x 到 2.0 的变化

TensorFlow 2.0 在 1.x 的基础上做了重新设计，重点放在了提升开发人员的工作效率上，确保 2.0 版本更加简单易用。TensorFlow 2.0 为了提升易用性做了很多改进，例如对 API 做了精简，删除了冗余的 API，使得 API 更加一致（例如统一 TensorFlow 和 tf.keras 的循环神经网络和优化器等），以及由静态计算图转变为动态计算图等（这使得代码的编写和调试变得更加容易）。接下来看看 TensorFlow 2.0 的主要变化。

1. API 精简

很多 TensorFlow 1.x 的 API 在 2.0 中被去掉或者改变了位置，还有一些则被新的 API 给替换掉了。官方提供了一个转换工具，可以用来将 1.x 版本的代码升级到 2.0，其主要工作其实就是修改这些有变更的 API。不过使用该工具不一定能够转换成功，转换成功后的代码也并不一定能够正常运行，很多时候还是需要人工修改。

2. 动态计算图

动态计算图（Eager Execution）是 TensorFlow 从 1.8 版开始正式加入的，但只是作为一种可选操作，在 TensorFlow 2.0 之前，TensorFlow 默认的模式都是静态计算图机制（Graph Execution），TensorFlow 2.0 将动态计算图设为默认模式。在该模式下用户能够更轻松地编写和调试代码，可以使用原生的 Python 控制语句，大大降低学习和使用 TensorFlow 的门槛。在 TensorFlow 2.0 中，图（Graph）和会话（Session）都变成了底层实现，而不再需要用户关心了。

3. 取消全局变量

TensorFlow 1.x 非常依赖隐式全局命名空间。当我们调用"tf.Variable"创建变量时，该变量就会被放进默认的图中，即使我们忘记了指向它的 Python 变量，它也会留在那里。当我们想恢复这些变量时，必须知道该变量的名称。如果没法控制这些变量的创建，也就无法做到这点。TensorFlow 1.x 中有各种机制旨在帮助用户再次找到他们所创建的变量，而在 2.0 版中则取消了所有这些机制，支持默认机制：跟踪变量。当我们不再用到某个变量时，该变量就会被自动回收。

4. 使用函数而不是会话

在 TensorFlow 1.x 中，使用"session.run()"方法执行计算图，"session.run()"方法的调用类似于函数调用：指定输入数据和调用的方法，最后返回输出结果。为了保留静态图的优势，如性能优化及重用模块化的 TensorFlow 函数等，在 TensorFlow 2.0 中，我们可以使用

"tf.function()"来修饰 Python 函数以将其标记为即时（Just-In-Time）编译，从而 TensorFlow 可以将其作为单个图来执行。

2.1.3　TensorFlow 2.0 的架构

作为全球最受欢迎、使用最为广泛的机器学习平台之一，TensorFlow 在其发展的三年时间也是机器学习和人工智能发展最为迅猛的三年。TensorFlow 2.0 是一个重要的里程碑，其重心放在了简单性和易用性上，尽量降低用户使用的门槛。TensorFlow 团队为其添加了许多的组件，在 TensorFlow 2.0 里，这些组件被打包成了一个全面的平台，它支持从训练到部署的标准化的机器学习流程。图 2-1 是 TensorFlow 2.0 架构的简化概念图。

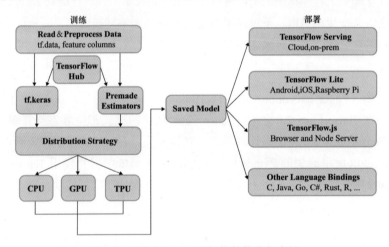

图 2-1　TensorFlow 2.0 架构的简化概念图

接下来我们结合图 2-1 介绍 TensorFlow 2.0 的基本工作流程及对应的可以使用的 API，还会根据 TensorFlow 的官方文档重点介绍一下"tf.data"和"tf.keras"这两个 API，让读者快速入门 TensorFlow 2.0 的使用。读者可以结合官方文档在本书后续的项目实战中慢慢熟悉和掌握其他 API。

1. 使用 tf.data 加载数据

我们使用 tf.data 所创建的输入管道来读取训练数据，并可以通过 tf.feature_column 来指定特征列或者交叉特征。

2. 使用 tf.keras 或 Premade Estimators 构建、训练和验证模型

作为 TensorFlow 的核心高级 API，tf.keras 已经和 TensorFlow 的其余部分紧密集成。使

用 tf.keras 可以简单、快捷地构建模型。另外 tf.estimator 中打包了一些标准的模型供我们直接使用，例如逻辑回归、提升树及随机森林等。当我们不想从头开始训练一个模型时（例如这个模型的训练可能非常耗时），可以使用 TensorFlow Hub 模块来进行迁移学习。

3. 使用 Eager Execution 运行和调试模型，以及使用 tf.function 充分利用计算图的优势

前面已经介绍过，在 Eager Execution 模式下，可以更加方便地编写和调试代码，在 TensorFlow 2.0 中，该模式是默认开启的。我们可以使用 tf.function 来将 Python 程序转换为 TensorFlow 的静态计算图，这样就可以保留 TensorFlow 1.x 版本中的静态计算图的优势。

4. 使用 Distribution Strategies 进行分布式训练

对于大规模的机器学习训练任务，tf.distribute.Strategy API 旨在让用户只需要对现有的模型和代码做最少的更改就可以实现分布式的训练。TensorFlow 支持 CPU、GPU 以及 TPU 等硬件加速器，可以将训练任务分配到单节点、多加速器及多节点或多加速器。

5. 使用 SavedModel 存储模型

在 TensorFlow 中有两种模型存储的格式：一个是检查点（Checkpoints），另一个是 SavedModel，前者依赖于创建模型的源代码，而后者则与创建模型的源代码无关，因此标准化后的 SavedModel 可以作为 TensorFlow Serving、TensorFlow Lite、TensorFlow.js 或者其他编程语言的交换格式。

2.2　TensorFlow 2.0 的安装

TensorFlow CPU 版本的安装较为简单，而 GPU 版本则需要另外安装一些驱动程序和库，为了简便我们可以使用 Docker 的方式来安装和使用（目前，TensorFlow 只有 Linux 版提供了 Docker 镜像）。本书中我们会通过 python 的包管理工具 pip 进行安装，并且以 Linux 环境为准。

作者使用的开发环境如下：

系统版本	Ubuntu 16.04
Anaconda 版本	Anaconda 3.6
Python 版本	3.6.8
电脑配置	4 个物理 CPU，32GB 内存
GPU	两块 Tesla P100，单卡显存 16GB

1. 安装 Anaconda

首先我们从官网下载 Anaconda 安装文件，选择 Linux 的"Python3.7 Version"版本，单击"Download"，下载的文件为"Anaconda3-2019.10-Linux-x86_64.sh"。

（1）安装 Anaconda

① 执 行"bash Anaconda3-2019.10-Linux-x86_64.sh"，提示需要阅读许可条例，按下 Enter 键继续，如图 2-2 所示。

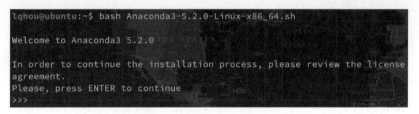

图 2-2　安装 Anaconda（1）

② 出现提示：是否接受许可条例，输入"yes"按 Enter 键，在界面中会提示 Anaconda 将要安装的位置，按下 Enter 键确认，如图 2-3 所示。

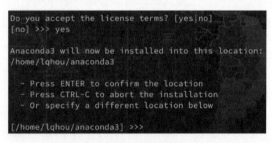

图 2-3　安装 Anaconda（2）

③ 提示是否要写入配置文件，输入"yes"按 Enter 键，如图 2-4 所示。

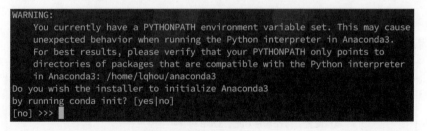

图 2-4　安装 Anaconda（3）

到这里，Anaconda 就安装完成了。如图 2-5 所示，安装好后键入"python3"，此时运行的还是系统自带的 Python 版本，执行"source ~/.bashrc"让配置生效，此时执行"python3"，运行的就是 Anaconda。

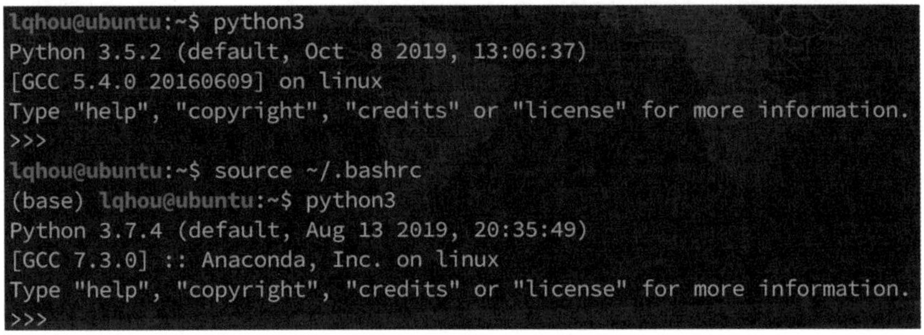

```
lqhou@ubuntu:~$ python3
Python 3.5.2 (default, Oct  8 2019, 13:06:37)
[GCC 5.4.0 20160609] on linux
Type "help", "copyright", "credits" or "license" for more information.
>>>
lqhou@ubuntu:~$ source ~/.bashrc
(base) lqhou@ubuntu:~$ python3
Python 3.7.4 (default, Aug 13 2019, 20:35:49)
[GCC 7.3.0] :: Anaconda, Inc. on linux
Type "help", "copyright", "credits" or "license" for more information.
>>>
```

图 2-5　安装 Anaconda（4）

（2）创建虚拟 Python 环境

接下来在 Anaconda 中创建虚拟 Python 环境，执行如下命令。

```
conda create --name apython python=3.7
```

出现是否继续的提示，输入"y"按 Enter 键，稍等片刻，一个 Python 3.7 的虚拟环境就创建好了。此时系统中有多个版本的 Python，为了方便使用，需要配置环境变量，为每个版本的 Python 设置一个别名。另外为了后面方便使用"pip"来管理虚拟环境的包，也需要为虚拟环境的"pip"命令创建一个别名。

编辑"~/.bashrc"文件，在文件末尾增加如下内容：

```
alias python="/usr/bin/python2"
alias python3="/usr/bin/python3"
alias apython="/home/lqhou/anaconda3/envs/apython/bin/python3"
alias apip="/home/lqhou/anaconda3/envs/apython/bin/pip"
```

注意，Anaconda 的路径要根据实际情况来填写，"/home/lqhou/anaconda3"是作者系统上 Anaconda 的安装路径。配置完成后键入"source ~/.bashrc"让配置生效，之后分别执行"python""python3"和"apython"命令，如图 2-6 所示。

这里"python"和"python3"命令指向的都是系统自带的 Python 版本，"apython"命令指向的是我们刚刚创建的 Python 虚拟环境。这里需要注意，当使用"pip"命令为虚拟 Python 环境安装包时，需要使用在这里配置的"apip"命令，直接使用"pip"或"pip3"命令会把包安装到系统自带的 Python 环境中。

图 2-6　测试别名

2. 安装 TensorFlow

GPU 版的 TensorFlow 包含了 CPU 版本，如果读者手上有 GPU 资源的话，可以直接参考 2.4.1 节安装 GPU 版的 TensorFlow。

我们使用命令"apip install tensorflow"进行安装，该命令会安装最新的、稳定的 CPU 版本的 TensorFlow。安装完成后，我们进入 Python 的交互式解释器环境验证安装是否成功，依次运行"import tensorflow as tf"、"print(tf.__version__)"，如图 2-7 所示。

图 2-7　测试 TensorFlow 2.0 是否安装成功

3. 使用 Jupyter Notebook

Jupyter Notebook 是一个开源的 Web 应用程序，常被用于交互式的开发和展示数据科学项目（例如数据清洗和转换、数据可视化及机器学习等）。为了方便大家学习，本章用 Jupyter NoteBook 作为编程工具（读者也可以使用谷歌公司的 Colab），读者也可以任意选择自己喜欢的编程工具。

通过图形化界面安装的 Anaconda 集成了 Jupyter NoteBook，可以直接使用，如图 2-8 所示。

图 2-8　Anaconda 界面

如果读者使用的是命令行环境，我们需要使用命令"apip install jupyter"来安装 Jupyter NoteBook。如果希望远程访问 Jupyter NoteBook 页面，操作如下：

① 输入命令"conda activate apython"来激活虚拟环境。

② 输入命令"nohup jupyter-notebook --allow-root --no-browser --ip=172.31.233.246 &"，注意，这里的 IP 地址要换成你所使用服务器的 IP 地址。输入该行命令后按一次 Enter 键。

③ 输入命令"conda deactivate"退出虚拟环境。

输入以上命令后，就可以在你本地计算机的浏览器中通过服务器的 IP 地址来访问服务器上的 Jupyter NoteBook 页面了。第一次登录需要 Token，在上面执行命令的目录中会生成一个"nohup.out"文件，文件中有 Token 信息。

直接在图 2-8 单击 Jupyter 下方的"Launch"按钮即可启动 Jupyter NoteBook（也可以在终端中输入"jupyter-notebook"命令来启动），启动之后会自动打开一个 Web 页面，如图 2-9 所示。这里列出了默认路径下的所有目录和文件，我们可以打开自己存放代码的目录。

如图 2-10 所示，单击页面右上角的"new"菜单，再单击"python[conda env:apython3]"菜单之后就会创建一个新的后缀名为"ipynb"的 Notebook 文件。如果"new"菜单只有一个 Python Kernel，则在命令行下执行命令"source activate apython3"进入之前创建的"apython3"虚拟环境，再执行"jupyter-notebook"命令启动 Jupyter Notebook，即可在"new"菜单下就看到如图 2-10 所示的 Kernel 了。

图 2-9　Jupyter Notebook 启动之后打开的 Web 界面

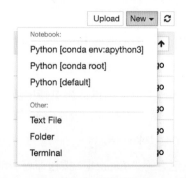

图 2-10　创建一个新的 Notebook 文件

　　新建的 Notebook 文件会自动地在新的标签页打开，如图 2-11 所示，这是一个空的 Notebook 文件。

　　在 Notebook 的单元格内输入代码，单击" Run "按钮之后会在单元格的下方显示代码运行的结果，如图 2-12 所示。

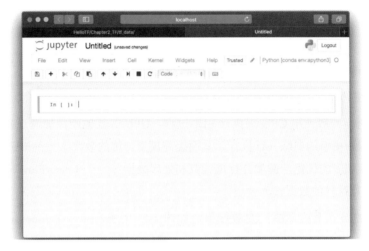

图 2-11　打开后的 Notebook 文件

图 2-12　在 Notebook 文件中编写代码

2.3　TensorFlow 2.0 的使用

2.3.1　"tf.data" API

除 GPU 和 TPU 等硬件加速设备外，高效的数据输入管道也可以很大程度地提升模型性能，减少模型训练所需要的时间。数据输入管道本质是一个 ELT（Extract、Transform 和

Load）过程：

- Extract：从硬盘中读取数据（可以是本地的，也可以是云端的）。
- Transform：数据的预处理（如数据清洗、格式转换等）。
- Load：将处理好的数据加载到计算设备（例如 CPU、GPU 及 TPU 等）。

数据输入管道一般使用 CPU 来执行 ELT 过程，GPU 等其他硬件加速设备则负责模型的训练，ELT 过程和模型的训练并行执行，从而提高模型训练的效率。另外 ELT 过程的各个步骤也都可以进行相应的优化，例如并行地读取和处理数据等。在 TensorFlow 中可以使用"tf.data"API 来构建这样的数据输入管道。

这里使用的是一个花朵图片的数据集，如图 2-13 所示，除一个 License 文件外，主要是五个分别存放着对应类别花朵图片的文件夹，其中"daisy（雏菊）"文件夹中有 633 张图片，"dandelion（蒲公英）"文件夹中有 898 张图片，"roses（玫瑰）"文件夹中有 641 张图片，"sunflowers（向日葵）"文件夹中有 699 张图片，"tulips（郁金香）"文件夹中有 799 张图片。

图 2-13　解压后的数据集

接下来开始实现代码，导入需要使用的包：

```
1   import TensorFlow as tf
2   import pathlib
```

pathlib 提供了一组用于处理文件系统路径的类。导入需要的包后，可以先检查一下 TensorFlow 的版本：

```
3   print(tf.__version__)
```

获取所有图片样本文件的路径（注意将"flower_photos"目录与代码放在同一级目录）：

```
4   # 获取当前路径
5   data_root = pathlib.Path.cwd()
6   # 获取指定目录下的文件路径（返回的是一个列表，每一个元素是一个 PosixPath 对象）
```

```
7  all_image_paths = list(data_root.glob('*/*/*'))
8  print(type(all_image_paths[0]))
9  # 将 PosixPath 对象转为字符串
10 all_image_paths = [str(path) for path in all_image_paths]
11 print(all_image_paths[0])
12 print(data_root)
```

输出结果如图 2-14 所示。

```
<class 'pathlib.PosixPath'>
/home/lqhou/workspace/TF_Book/Chapter2/tf_data/flower_photos/dandelion/14886963928_d4856f1eb6_n.jpg
/home/lqhou/workspace/TF_Book/Chapter2/tf_data
```

图 2-14 文件路径输出结果

接下来统计图片的类别，并给每一个类别分配一个类标：

```
13 # 获取图片类别的名称，即存放样本图片的五个文件夹的名称
14 label_names = sorted(item.name for item in data_root.glob('*/*/') if
   item.is_dir())
15 # 将类别名称转换为数值型的类标
16 label_to_index = dict((name, index) for index, name in enumerate(label_
   names))
17 # 获取所有图片的类标
18 all_image_labels = [label_to_index[pathlib.Path(path).parent.name]
19
20 print(label_to_index)
21 print("First 10 labels indices: ", all_image_labels[:2])
22 print("First 10 labels indices: ", all_image_paths[:2])
```

输出结果如图 2-15 所示，daisy（雏菊）、dandelion（蒲公英）、roses（玫瑰）、sunflowers（向日葵）和 tulips（郁金香）的类标分别为 0、1、2、3 和 5。

```
{'daisy': 0, 'dandelion': 1, 'roses': 2, 'sunflowers': 3, 'tulips': 4}
First 10 labels indices:  [1, 1]
First 10 labels indices:  ['/home/lqhou/workspace/TF_Book/Chapter2/tf_data/flower_p
hotos/dandelion/14886963928_d4856f1eb6_n.jpg', '/home/lqhou/workspace/TF_Book/Chapt
er2/tf_data/flower_photos/dandelion/15549402199_2890918ddb.jpg']
```

图 2-15 图片类标的输出结果

处理完类标之后，接下来需要对图片本身做一些处理，这里定义一个函数，用来加载和预处理图片数据。

```
23  def load_and_preprocess_image(path):
24      # 读取图片
25      image = tf.io.read_file(path)
26      # 将 jpeg 格式的图片解码，得到一个张量（三维的矩阵）
27      image = tf.image.decode_jpeg(image, channels=3)
28      # 由于数据集中每张图片的大小不一样，所以将其统一调整为 192×192
29      image = tf.image.resize(image, [192, 192])
30      # 对每个像素点的 RGB 值做归一化处理
31      image /= 255.0
32
33      return image
```

完成对类标和图片数据的预处理之后，使用"tf.data.Dataset"来构建和管理数据集：

```
34  # 构建图片路径的数据集
35  path_ds = tf.data.Dataset.from_tensor_slices(all_image_paths)
36  # 使用 AUTOTUNE 自动调节管道参数
37  AUTOTUNE = tf.data.experimental.AUTOTUNE
38  # 构建图片数据的数据集
39  image_ds = path_ds.map(load_and_preprocess_image,
                num_parallel_calls=AUTOTUNE)
40  # 构建类标数据的数据集
41  label_ds = tf.data.Dataset.from_tensor_slices(tf.cast(all_image_labels,
    tf.int64))
42  # 将图片和类标压缩为（图片，类标）对
43  image_label_ds = tf.data.Dataset.zip((image_ds, label_ds))
44
45  print(image_ds)
46  print(label_ds)
47  print(image_label_ds)
```

输出结果如图 2-16 所示。

```
<ParallelMapDataset shapes: (192, 192, 3), types: tf.float32>
<TensorSliceDataset shapes: (), types: tf.int64>
<ZipDataset shapes: ((192, 192, 3), ()), types: (tf.float32, tf.int64)>
```

图 2-16　构建的数据集

在第 35 行和第 41 行代码中，"from_tensor_slices"方法使用张量的切片元素构建数据集，"tf.data.Dataset"类还提供了"from_tensor"，直接使用单个张量来构建数据集，以及"from_generator"方法使用生成器生成的元素来构建数据集。

在第 39 行代码中，我们使用了"tf.data.Dataset"的"map"方法，该方法允许自定义一个函数，该函数会将原数据集中的元素依次进行处理，并将处理后的数据作为新的数据集，处理前和处理后的数据顺序不变。例如这里我们自己定义了一个"load_and_preprocess_image"函数，将"path_ds"中的图片路径转换成了经过预处理的图像数据，并保存在了"image_ds"中。

最后使用"tf.data.Dataset"的"zip"方法将图片数据和类标数据压缩成"（图片，类标）"对。数据集中的部分数据可视化结果如图 2-17 所示。

图 2-17　数据集中部分数据的可视化

```
48 import matplotlib.pyplot as plt
49
50 plt.figure(figsize=(8,8))
51 for n,image_label in enumerate(image_label_ds.take(4)):
52     plt.subplot(2,2,n+1)
53     plt.imshow(image_label[0])
54     plt.grid(False)
55     plt.xticks([])
```

```
56      plt.yticks([])
57      plt.xlabel(image_label[1])
```

接下来用创建的数据集训练一个分类模型，这个例子的目的是让读者了解如何使用我们创建的数据集，简单起见，直接使用"tf.keras.applications"包中训练好的模型，并将其迁移到我们的花朵分类任务上来。这里使用的是"MobileNetV2"模型。

```
58  # 下载的模型在用户根目录下，具体位置是"~/.keras/models/"
    mobilenet_v2_weights_tf_dim_ordering_tf_kernels_1.0_192_no_top.h5"
59  mobile_net = tf.keras.applications.MobileNetV2(input_shape=(192, 192, 3),
    include_top=False)
60  # 禁止训练更新"MobileNetV2"模型的参数
61  mobile_net.trainable = False
```

当我们执行第 59 行代码后，训练好的"MobileNetV2"模型会被下载到本地，该模型是在 ImageNet 数据集上训练的。因为我们想把该训练好的模型迁移到花朵分类问题中来，所以第 61 行代码将该模型的参数设置为不可训练和更新。

接下来打乱一下数据集，以及定义好训练过程中每个批次（Batch）数据的大小。

```
62  # 使用 Dataset 类的"shuffle"方法打乱数据集
63  image_count = len(all_image_paths)
64  ds = image_label_ds.shuffle(buffer_size=image_count)
65  # 让数据集重复多次
66  ds = ds.repeat()
67  # 设置每个批次的大小
68  BATCH_SIZE = 32
69  ds = ds.batch(BATCH_SIZE)
70  # 通过"prefetch"方法让模型的训练和每个批次数据的加载并行
71  ds = ds.prefetch(buffer_size=AUTOTUNE)
```

在第 64 行代码中，我们使用"tf.data.Dataset"类的"shuffle"方法将数据集进行打乱。第 66 行代码使用"repeat"方法让数据集可以重复获取，通常情况下，若一个训练回合（Epoch）只对完整的数据集训练一遍，则可以不需要设置"repeat"。"repeat"方法可以设置参数，例如"ds.repeat(2)"是让数据集可以重复获取两遍，即在一个训练回合中，可以使用两遍数据集。若不加参数的话，则默认可以无限次重复获取数据集。

第 68、69 行代码设置了训练过程中一个批次数据的大小。在第 71 行代码中，我们使用"tf.data.Dataset.prefetch"方法让 ELT 过程中的"数据准备和预处理（EL）"和"数据消耗

（T）"过程并行。

由于"MobileNetV2"模型接收的输入数据是归一化在 [-1,1] 之间的数据，而在第 31 行代码中对数据进行了一次归一化处理后，其范围是 [0,1]，所以需要将数据映射到 [-1,1]。

```
72 # 定义一个函数用来将范围在 [0,1] 之间的数据映射到 [-1,1] 之间
73 def change_range(image,label):
74     return 2*image-1, label
75 # 使用 "map" 方法对数据集进行处理
76 keras_ds = ds.map(change_range)
```

接下来定义模型，由于预训练好的"MobileNetV2"返回的数据维度为"(32,6,6,1280)"，其中"32"是一个批次（Batch）数据的大小，"6,6"代表输出的特征图的大小为 6×6，"1280"代表该层使用了 1280 个卷积核。为了适应花朵分类任务，需要在"MobileNetV2"返回数据的基础上再增加两层网络层。

```
77 model = tf.keras.Sequential([
78     mobile_net,
79     tf.keras.layers.GlobalAveragePooling2D(),
80     tf.keras.layers.Dense(len(label_names))])
```

全局平均池化（Global Average Pooling，GAP）是对每一个特征图求平均值，将该平均值作为该特征图池化后的结果，因此经过该操作后数据的维度变为 (32,1280)。由于花朵分类任务是一个 5 分类的任务，因此需要再使用一个全连接（Dense），将维度变为 (32,5)。

接着我们编译一下模型，同时指定使用的优化器和损失函数：

```
81 model.compile(optimizer=tf.keras.optimizers.Adam(),
82               loss='sparse_categorical_crossentropy',
83               metrics=["accuracy"])
84 model.summary()
```

"model.summary()"可以输出模型各层的参数概况，如图 2-18 所示。

最后使用"model.fit"训练模型：

```
85 model.fit(ds, epochs=1, steps_per_epoch=10)
```

这里参数"epochs"指定需要训练的回合数，"steps_per_epoch"代表每个回合要取多少个批次数据，通常"steps_per_epoch"的大小等于我们数据集的大小除以批次的大小后上取整。关于模型的训练部分，我们在 2.3.2 节中会详细介绍。

```
Model: "sequential_2"

Layer (type)                    Output Shape              Param #
=================================================================
mobilenetv2_1.00_192 (Model)    (None, 6, 6, 1280)        2257984
_____
global_average_pooling2d_2 (    (None, 1280)              0
_____
dense_2 (Dense)                 (None, 5)                 6405
=================================================================
Total params: 2,264,389
Trainable params: 6,405
Non-trainable params: 2,257,984
```

图 2-18　模型各层的参数概况

在本节中我们简单了解了"tf.data"API 的使用，在后面章节的项目实战部分还会用到该 API 来构建数据输入管道，包括图片数据和文本数据等。

2.3.2　"tf.keras"API

Keras 是一个基于 Python 编写的高层神经网络 API，强调用户友好性、模块化及易扩展等，其后端可以采用 TensorFlow、Theano 及 CNTK，目前大多是以 TensorFlow 作为后端引擎的。考虑到 Keras 优秀的特性及它的受欢迎程度，TensorFlow 将 Keras 的代码吸收进来，并将其作为高级 API 提供给用户使用。"tf.keras"不强调原来 Keras 的后端可互换性，而是在符合 Keras 标准的基础上让其与 TensorFlow 结合得更紧密（例如支持 TensorFlow 的 Eager Execution 模式，支持"tf.data"，以及支持 TPU 训练等）。"tf.keras"提高了 TensorFlow 的易用性，同时也保持了 TensorFlow 的灵活性和性能。

1. 基本模型的搭建和训练

可以使用"tf.keras.Sequential"来创建基本的网络模型。通过这种方式创建的模型又称为顺序模型，因为这种模型是由多个网络层线性堆叠而成的。

首先，导入需要的包：

```
1 import TensorFlow as tf
2 from TensorFlow.keras import layers
```

然后，创建一个顺序模型：

```
3 model = tf.keras.Sequential([
```

```
4        # 添加一个有 64 个神经元的全连接层，"input_shape"为该层接受的输入数据的维度，
         # "activation"指定该层所用的激活函数
5        layers.Dense(64, activation='relu', input_shape=(32,)),
6        # 添加第二个网络层
7        layers.Dense(64, activation='relu'),
8        # 添加一个 softmax 层作为输出层，该层有十个单元
9        layers.Dense(10, activation='softmax'),
10   ])
```

上面的代码中，在定义这个顺序模型的同时添加了相应的网络层，除此之外也可以使用"add"方法逐层添加：

```
11   model = tf.keras.Sequential()
12   model.add(layers.Dense(64, activation='relu', input_shape=(32,)))
13   model.add(layers.Dense(64, activation='relu'))
14   model.add(layers.Dense(10, activation='softmax'))
```

"tf.keras.layers"用于生成网络层，包括全连接层（tf.keras.layers.Dense()）、Dropout 层 (tf.keras.layers.Dropout)，以及卷积网络层（如二维卷积：tf.keras.layers.Conv2D）等。创建好网络结构后，要对网络进行编译：

```
15   model.compile(optimizer=tf.keras.optimizers.Adam(0.001),
16                 loss='categorical_crossentropy',
17                 metrics=['accuracy'])
```

在编译模型的时候需要设置一些必需参数，例如"optimizers"用来指定我们想使用的优化器及设定优化器的学习率，如 Adam 优化器"tf.keras.optimizer.Adam"、SGD 优化器"tf.keras.optimizer.SGD"等，在第 15 行代码中使用的是 Adam 优化器，并设置学习率为"0.001"。

"loss"参数用来设置模型的损失函数（又称目标函数），例如均方误差损失函数（mean_squared_error）、对数损失函数（binary_ crossentropy），以及多分类的对数损失函数（categorical_crossentropy），等等。

"metrics"用来设定模型的评价函数，模型的评价函数与损失函数相似，不过评价函数只用来显示给用户查看，并不用于模型的训练。除了自带的一些评价函数外，这里还可以使用自定义评价函数。

编译好模型之后就可以开始训练了，这里使用 NumPy 生成一组随机数作为训练数据：

```
18 import numpy as np
19
20 data = np.random.random((1000, 32))
21 labels = np.random.random((1000, 10))
22 print(data[0])
23 print(labels[0])
24
25 model.fit(data, labels, epochs=2, batch_size=32)
```

第 20 行和第 21 行代码随机生成样本数据和类标。第 25 行代码使用 " model.fit " 来执行模型的训练，其中参数 " data " 和 " labels " 分别为训练数据和类标，" epochs " 为训练的回合数（一个回合即在全量数据集上训练一次），" batch_size " 为训练过程中每一个批次数据的大小。输出结果如图 2-19 所示。

```
[0.88567463 0.52861573 0.256739   0.98653312 0.07621493 0.19862668
 0.45079736 0.37632153 0.84654471 0.33204333 0.81653933 0.16449988
 0.81808204 0.70899913 0.11807652 0.87964749 0.75020436 0.86226921
 0.2439633  0.78631308 0.05992798 0.95684008 0.95074354 0.52571408
 0.39079646 0.17584398 0.19756567 0.25186261 0.15210591 0.62126683
 0.68663903 0.09431311]
[0.85170725 0.46484273 0.14647073 0.0755549  0.73750779 0.79347296
 0.48997753 0.63615913 0.96900467 0.85814165]
Epoch 1/2
1000/1000 [==============================] - 0s 20us/sample - loss: 250.4675
- accuracy: 0.1020
Epoch 2/2
1000/1000 [==============================] - 0s 21us/sample - loss: 242.5833
- accuracy: 0.1060
```

图 2-19　输出结果

在训练模型的工程中，为了更好地调节参数，方便模型的选择和优化，通常会准备一个验证集。这里随机生成一个验证集：

```
26 val_data = np.random.random((100, 32))
27 val_labels = np.random.random((100, 10))
28
29 model.fit(data, labels, epochs=2, batch_size=50,
30         validation_data=(val_data, val_labels))
```

输出结果如图 2-20 所示。

```
Train on 1000 samples, validate on 100 samples
Epoch 1/2
1000/1000 [==============================] - 0s 162us/sample - loss: 250.1098
- accuracy: 0.1100 - val_loss: 260.7471 - val_accuracy: 0.0800
Epoch 2/2
1000/1000 [==============================] - 0s 22us/sample - loss: 249.3567
- accuracy: 0.1070 - val_loss: 253.5470 - val_accuracy: 0.1200
```

图 2-20　增加验证集后的输出结果

和图 2-19 相比，这里多了"val_loss"和"val_accuracy"，分别为验证集上的损失和准确率。

在上面的例子中，我们直接在 NumPy 数据上训练模型，也可以使用"tf.data"将其转为数据集后再传递给模型去训练：

```
31 # 创建训练集
32 dataset = tf.data.Dataset.from_tensor_slices((data, labels))
33 dataset = dataset.batch(50)
34 # 创建验证集
35 val_dataset = tf.data.Dataset.from_tensor_slices((val_data, val_labels))
36 val_dataset = val_dataset.batch(50)
37
38 model.fit(dataset, epochs=2, validation_data=val_dataset)
```

模型训练好之后，我们希望用验证集去对模型进行评估，这里可以使用"model.evaluate"对模型进行评估：

```
39 # 模型评估，验证集为 NumPy 数据
40 model.evaluate(data, labels, batch_size=50)
41 # 模型评估，验证集为 Dataset 数据
42 model.evaluate(dataset, steps=30)
```

结果如图 2-21 所示。

```
1000/1000 [==============================] - 0s 12us/sample - loss: 247.8480 - accuracy: 0.0970
30/30 [==============================] - 0s 1ms/step - loss: 242.5115 - accuracy: 0.1073
```

图 2-21　模型评估结果

最后，使用"model.predict"对新的数据进行预测：

```
43 result = model.predict(data, batch_size=50)
44 print(result[0])
```

结果如图 2-22 所示。

```
[0.04572569 0.2363322  0.00463482 0.02372217 0.16370252 0.00615816
 0.         0.42544216 0.09428226 0.        ]
```

图 2-22　使用训练好的模型预测新的数据

2. 搭建高级模型

（1）函数式 API

可以使用"tf.keras.Sequential"来搭建基本的网络结构，但更多的时候我们面临的是比较复杂的网络结构，例如，模型可能有多输入或多输出、模型中的某些网络层需要共享等，此时就需要用到函数式 API。

实现一个简单的例子：

```
1  # 单独的一个输入层
2  inputs = tf.keras.Input(shape=(32,))
3  # 网络层可以像函数一样被调用，其接收和输出的均为张量
4  x = layers.Dense(64, activation='relu')(inputs)
5  x = layers.Dense(64, activation='relu')(x)
6  # 输出层
7  predictions = layers.Dense(10, activation='softmax')(x)
```

接下来使用上面定义的网络层来创建模型：

```
8   # 创建模型
9   model = tf.keras.Model(inputs=inputs, outputs=predictions)
10  # 编译模型
11  model.compile(optimizer=tf.keras.optimizers.RMSprop(0.001),
12                loss='categorical_crossentropy',
13                metrics=['accuracy'])
14  # 训练模型
15  model.fit(data, labels, epochs=2, batch_size=50)
```

（2）实现自定义的模型类和网络层

通过继承"tf.keras.Model"和"tf.keras.layers.Layer"可以实现自定义的模型类和网络层，为我们构建自己的网络结构提供了非常好的灵活性。例如定义一个简单的前馈神经网络模型：

```
1  class MyModel(tf.keras.Model):
2
3    def __init__(self, num_classes=10):
```

```
4             super(MyModel, self).__init__(name='my_model')
5             # 分类任务的类别数
6             self.num_classes = num_classes
7             # 定义我们自己的网络层
8             self.dense_1 = layers.Dense(32, activation='relu')
9             self.dense_2 = layers.Dense(num_classes, activation='sigmoid')
10
11     def call(self, inputs):
12             # 使用"__init__"方法中定义的网络层来构造网络的前馈过程
13             x = self.dense_1(inputs)
14             return self.dense_2(x)
```

我们需要在"__init__"方法中定义好模型中所有的网络层，并作为模型类的属性。在"call"方法中可以定义模型的正向传递过程。之后就可以调用这个模型。

```
15 model = MyModel(num_classes=10)
16 # 编译模型
17 model.compile(optimizer=tf.keras.optimizers.RMSprop(0.001),
18               loss='categorical_crossentropy',
19               metrics=['accuracy'])
20 # 训练模型
21 model.fit(data, labels, batch_size=50, epochs=5)
```

以上是我们自定义一个简单的网络模型的例子，通过继承"tf.keras.layers.Layer"类还可以实现自定义的网络层。

3. 回调函数

回调函数会在模型的训练阶段被执行，可以用来自定义模型训练期间的一些行为，例如输出模型内部的状态等。我们可以自己编写回调函数，也可以使用内置的一些函数，例如：

- tf.keras.callbacks.ModelCheckpoint：定期保存模型。

- tf.keras.callbacks.LearningRateScheduler：动态地改变学习率。

- tf.keras.callbacks.EarlyStopping：当模型在验证集上的性能不再提升时终止训练。

- tf.keras.callbacks.TensorBoard：使用 TensorBoard 来监测模型。

回调函数的使用方式如下：

```
1  callbacks = [
2      # 若验证集上的损失 "val_loss" 连续两个训练回合（epoch）都没有变化，则提前结束训练
3      tf.keras.callbacks.EarlyStopping(patience=2, monitor='val_loss'),
4      # 使用 TensorBoard 把训练的记录保存到 "./logs" 目录中
5      tf.keras.callbacks.TensorBoard(log_dir='./logs')
6  ]
7  model.fit(data, labels, batch_size=50, epochs=5, callbacks=callbacks,
8            validation_data=(val_data, val_labels))
```

4. 模型的保存和恢复

使用 " model.save() " 和 " tf.keras.models.load_model() " 来保存和加载由 " tf.keras " 训练的模型：

```
1  # 创建一个简单的模型
2  model = tf.keras.Sequential([
3      layers.Dense(10, activation='softmax', input_shape=(32,)),
4      layers.Dense(10, activation='softmax')
5  ])
6  model.compile(optimizer='rmsprop',
7                loss='categorical_crossentropy',
8                metrics=['accuracy'])
9  model.fit(data, labels, batch_size=32, epochs=5)
10
11 # 将整个模型保存为 HDF5 文件
12 model.save('my_model')
13 # 加载保存的模型
14 model = tf.keras.models.load_model('my_model')
```

通过 " model.save() " 保存的是一个完整的模型信息，包括模型的权重和结构等。除保存完整的模型外，还可以单独保存模型的权重参数或者模型的结构。

```
1 # 将模型的权重参数保存为 HDF5 文件
2 model.save_weights('my_model.h5', save_format='h5')
3 # 重新加载
4 model.load_weights('my_model.h5')
5
6 # 将模型的结构保存为 JSON 文件
7 json_string = model.to_json()
```

2.4　使用 GPU 加速

2.4.1　安装配置 GPU 环境

1. 安装 GPU 版 TensorFlow

在 2.2 节中我们已经介绍了如何安装 CPU 版 TensorFlow，为了使用 GPU 来加速计算，我们必须安装 GPU 版 TensorFlow。TensorFlow 官网对于 Docker 的安装方法有较为详细的介绍，感兴趣的读者可以参考官网的教程。本节里我们将介绍如何自己手工来安装和配置相关环境。首先使用 pip 命令：

```
apip install tensorflow-gpu
```

安装完成后，我们可以查看一下当前可用的 GPU：

```
1  from TensorFlow.python.client import device_lib
2
3  def get_available_gpus():
4      local_device_protos = device_lib.list_local_devices()
5      return [x.name for x in local_device_protos if x.device_type == 'GPU']
6  print(get_available_gpus())
```

由于作者的机器上有两块 GPU，所以输出两块 GPU 的编号："［'/device:GPU:0'，'/device:GPU:1'］"。

2. 安装显卡驱动

根据你的显卡型号到官网下载对应驱动。图 2-23 所示的是作者机器 Tesla P100 的显卡对应的驱动程序。这里一定要注意选择正确的版本，要和你的显卡版本、操作系统版本及想要安装的 CUDA 版本一一对应（关于 TensorFlow 与 CUDA 的版本对应关系，在后面 CUDA 的安装部分有说明）。

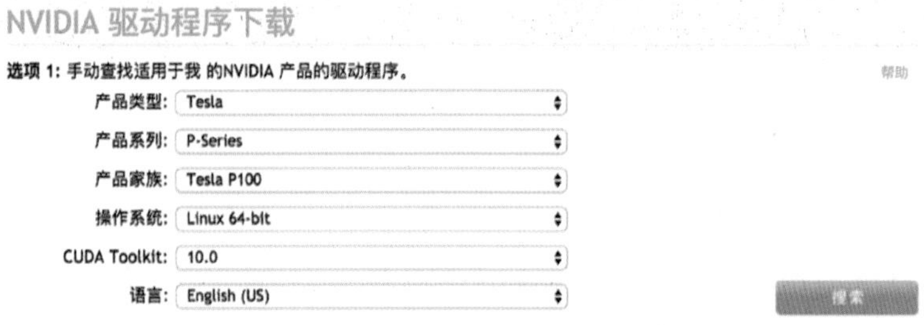

图 2-23　NVIDA 驱动下载列表

在图 2-23 所示的界面中单击"搜索"按钮，弹出如图 2-24 所示的界面，单击"下载"按钮即可。

TESLA DRIVER FOR LINUX X64

版本:	410.129
发布日期:	2019.9.4
操作系统:	Linux 64-bit
CUDA Toolkit:	10.0
语言:	Chinese (Simplified)
文件大小:	105.44 MB

下载

图 2-24　NVIDA 驱动下载提示

安装完成之后可以使用" nvidia-smi "命令查看显卡，图 2-25 所示的是作者机器上的两块显卡的信息。

```
lqhou@ubuntu:~/2_softs$ nvidia-smi
Thu Nov 14 05:02:37 2019
+-----------------------------------------------------------------------------+
| NVIDIA-SMI 410.129      Driver Version: 410.129      CUDA Version: 10.0      |
|-------------------------------+----------------------+----------------------+
| GPU  Name       Persistence-M| Bus-Id        Disp.A | Volatile Uncorr. ECC |
| Fan  Temp  Perf  Pwr:Usage/Cap|        Memory-Usage | GPU-Util  Compute M. |
|===============================+======================+======================|
|   0  Tesla P100-PCIE...  Off  | 00000000:0B:00.0 Off |                    0 |
| N/A   38C    P0    31W / 250W |      0MiB / 16280MiB |      0%      Default |
+-------------------------------+----------------------+----------------------+
|   1  Tesla P100-PCIE...  Off  | 00000000:13:00.0 Off |                    0 |
| N/A   40C    P0    30W / 250W |      0MiB / 16280MiB |      7%      Default |
+-------------------------------+----------------------+----------------------+

+-----------------------------------------------------------------------------+
| Processes:                                                       GPU Memory |
|  GPU       PID   Type   Process name                             Usage      |
|=============================================================================|
|  No running processes found                                                 |
+-----------------------------------------------------------------------------+
```

图 2-25　作者机器上的两块显卡的信息

3. 安装 CUDA

在安装 CUDA 之前，我们一定要先搞清楚 TensorFlow 各个版本与 CUDA 版本的对应关系。在 TensorFlow 官网有说明，其中 Linux 系统环境下 TensorFlow GPU 与 CUDA 的版本对应关系如图 2-26 所示。

Version	Python version	Compiler	Build tools	cuDNN	CUDA
tensorflow_gpu-1.13.0	2.7, 3.3-3.6	GCC 4.8	Bazel 0.19.2	7.4	10.0
tensorflow_gpu-1.12.0	2.7, 3.3-3.6	GCC 4.8	Bazel 0.15.0	7	9
tensorflow_gpu-1.11.0	2.7, 3.3-3.6	GCC 4.8	Bazel 0.15.0	7	9
tensorflow_gpu-1.10.0	2.7, 3.3-3.6	GCC 4.8	Bazel 0.15.0	7	9
tensorflow_gpu-1.9.0	2.7, 3.3-3.6	GCC 4.8	Bazel 0.11.0	7	9
tensorflow_gpu-1.8.0	2.7, 3.3-3.6	GCC 4.8	Bazel 0.10.0	7	9
tensorflow_gpu-1.7.0	2.7, 3.3-3.6	GCC 4.8	Bazel 0.9.0	7	9
tensorflow_gpu-1.6.0	2.7, 3.3-3.6	GCC 4.8	Bazel 0.9.0	7	9
tensorflow_gpu-1.5.0	2.7, 3.3-3.6	GCC 4.8	Bazel 0.8.0	7	9
tensorflow_gpu-1.4.0	2.7, 3.3-3.6	GCC 4.8	Bazel 0.5.4	6	8
tensorflow_gpu-1.3.0	2.7, 3.3-3.6	GCC 4.8	Bazel 0.4.5	6	8
tensorflow_gpu-1.2.0	2.7, 3.3-3.6	GCC 4.8	Bazel 0.4.5	5.1	8
tensorflow_gpu-1.1.0	2.7, 3.3-3.6	GCC 4.8	Bazel 0.4.2	5.1	8
tensorflow_gpu-1.0.0	2.7, 3.3-3.6	GCC 4.8	Bazel 0.4.2	5.1	8

图 2-26　TensorFlow 与 CUDA 的版本对应关系

TensorFlow 2.0 GPU 依赖的 NVIDA 软件包的官网说明，如图 2-27 所示。

The following NVIDIA® software must be installed on your system:

- NVIDIA® GPU drivers ☑ —CUDA 10.0 requires 410.x or higher.
- CUDA® Toolkit ☑ —TensorFlow supports CUDA 10.0 (TensorFlow >= 1.13.0)
- CUPTI ☑ ships with the CUDA Toolkit.
- cuDNN SDK ☑ (>= 7.4.1)
- *(Optional)* TensorRT 5.0 ☑ to improve latency and throughput for inference on some models.

图 2-27　TensorFlow 2.0 GPU 依赖的 NVIDA 软件包

（1）下载 CUDA

首先到 NVIDIA 官网下载 CUDA。作者在撰写本节内容时，CUDA 的最新版本是 10.1 版本，这里提醒读者，一定要按照 TensorFlow 官网的说明下载 10.0 版本，否则 TensorFlow 即使安装好后也是不能正常运行的。后续新的版本可能会支持更高版本的 CUDA，读者请根据实际情况下载。

如图 2-28 所示，选择对应系统环境的 CUDA 版本。

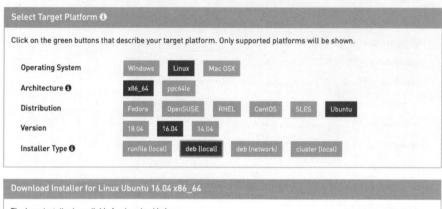

图 2-28 选择对应的 CUDA 版本

（2）安装 CUDA

CUDA 下载页面有安装指引，如图 2-29 所示。

图 2-29 CUDA 的安装步骤

第一步：执行安装命令。

```
sudo dpkg -i cuda-repo-ubuntu1604-10-0-local-10.0.130-410.48_1.0-1_amd64.
deb
```

第二步：添加 key。

```
sudo apt-key add /var/cuda-repo-10-0-local-10.0.130-410.48/7fa2af80.pub
```

第三步：依次执行。

```
sudo apt-get update
sudo apt-get install cuda-10.0
```

注意不要使用"sudo apt-get install cuda"，这样默认安装的是最新版，所以一定要指定版本。安装过程中如果有报"libkmod: ERROR"相关错误，那么安装完成后重启一下即可。

安装完成后，在"/usr/local"目录下会生成"cuda"和"cuda-10.0"两个文件夹，如图 2-30 所示，我们可以使用命令"cat /usr/local/cuda/version.txt"查看 CUDA 版本。

图 2-30　查看 CUDA 版本

第四步：设置环境变量。

打开"~/.bashrc"文件，在文件的最后添加如下内容：

```
export PATH=/usr/local/cuda-10.0/bin${PATH:+:${PATH}}
export LD_LIBRARY_PATH=/usr/local/cuda-10.0/lib64${LD_LIBRARY_PATH:+:${LD_
LIBRARY_PATH}}
```

在终端执行命令"source ~/.bashrc"让环境变量生效。

第五步：验证安装是否成功。

① 进入目录"/usr/local/cuda-10.0/samples/1_Utilities/deviceQuery"中打开终端。

② 终端下执行编译命令"sudo make"。

③ 然后执行命令"./deviceQuery"，可以看到两块 GPU 的信息。

如图 2-31 所示，检测到作者的两块显卡，图 2-31 中所示的是其中一块显卡的信息。到这里 CUDA 已经安装完成了。

4. 安装 cuDNN

（1）下载

这里一定要下载与 CUDA 10.0 对应的版本，如图 2-32 所示。下载 cuDNN 需要登录 NVIDIA 账号，没有的话，可以按照提示创建一个账号。

图 2-31　显卡的信息

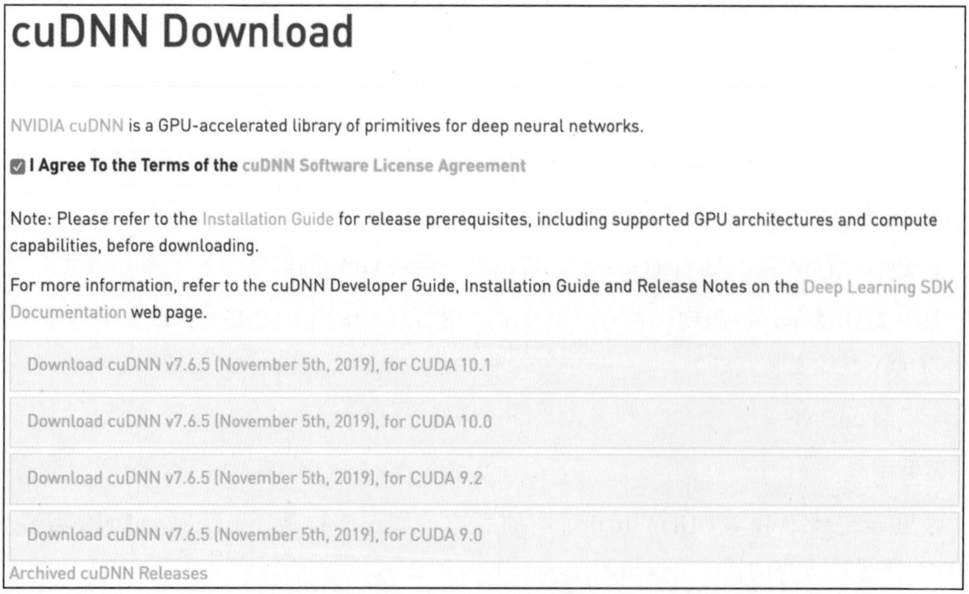

图 2-32　cuDNN 与 CUDA 的版本对应关系

选择好 cuDNN 版本后，单击下载"cuDNN Library for Linux"，如图 2-33 所示。

Download cuDNN v7.6.5 (November 5th, 2019), for CUDA 10.0

Library for Windows, Mac, Linux, Ubuntu and RedHat/Centos(x86_64architectures)

cuDNN Library for Windows 7

cuDNN Library for Windows 10

cuDNN Library for Linux

cuDNN Library for OSX

cuDNN Runtime Library for Ubuntu18.04 (Deb)

cuDNN Developer Library for Ubuntu18.04 (Deb)

cuDNN Code Samples and User Guide for Ubuntu18.04 (Deb)

cuDNN Runtime Library for Ubuntu16.04 (Deb)

cuDNN Developer Library for Ubuntu16.04 (Deb)

cuDNN Code Samples and User Guide for Ubuntu16.04 (Deb)

图 2-33　cuDNN 下载列表

（2）安装

第一步：使用"tar"命令解压文件。

```
tar zxvf cudnn-10.0-linux-x64-v7.6.5.32.tgz
```

第二步：拷贝文件，并修改文件权限。

```
sudo cp cuda/include/cudnn.h /usr/local/cuda/include
sudo cp cuda/lib64/libcudnn* /usr/local/cuda/lib64
sudo chmod a+r /usr/local/cuda/include/cudnn.h /usr/local/cuda/lib64/libcudnn*
```

到这里 TensorFlow 2.0 的 GPU 版就安装配置完成了。

2.4.2　使用 TensorFlow-GPU

如果我们的机器上安装配置好了 GPU 版的 TensorFlow，那么运行的时候 TensorFlow 会自行去选择可用的 GPU，也可以通过"os.environ["CUDA_VISIBLE_DEVICES"]"来选择我们要使用的 GPU：

```
1   import TensorFlow as tf
2   import os
3   # 选择编号为 0 的 GPU
4   os.environ["CUDA_VISIBLE_DEVICES"] = "0"
5   # 创建模型
6   model = tf.keras.Sequential()
7   model.add(layers.Dense(16, activation='relu', input_shape=(10,)))
8   model.add(layers.Dense(1, activation='sigmoid'))
9   # 设置目标函数和学习率
10  optimizer = tf.keras.optimizers.SGD(0.2)
11  # 编译模型
12  model.compile(loss='binary_crossentropy', optimizer=optimizer)
13  # 输出模型概况
14  model.summary()
```

在第 4 行代码中，我们选择了编号为 "0" 的 GPU，执行完上面的这段代码后使用 "nvidia-smi" 命令来查看一下 GPU 的占用情况，如图 2-34 所示，编号为 "0" 的 GPU 正在被占用。我们可以将第 4 行代码中的 "0" 改为 "1" 来使用另一个 GPU。

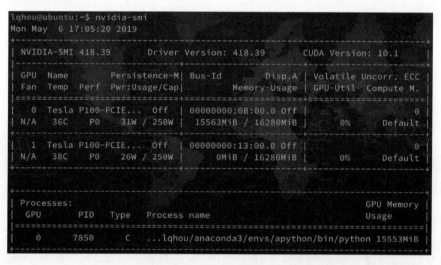

图 2-34　查看 GPU 占用情况

如果我们希望使用多个 GPU，例如同时使用 "0" "1" 两个 GPU，可以设置 "os.environ ["CUDA_VISIBLE_DEVICES"] = "0,1""，除此之外还可以使用 TensorFlow 为 "tf.keras" 提

供的分布式训练策略"tf.distribute.MirroredStrategy"来实现单机环境下的多 GPU 训练：

```
1   import TensorFlow as tf
2   from TensorFlow.keras import layers
3
4   strategy = tf.distribute.MirroredStrategy()
5
6   # 优化器及模型的构建和编译必须嵌套在"scope()"中
7   with strategy.scope():
8     model = tf.keras.Sequential()
9     model.add(layers.Dense(16, activation='relu', input_shape=(10,)))
10    model.add(layers.Dense(1, activation='sigmoid'))
11
12    optimizer = tf.keras.optimizers.SGD(0.2)
13    model.compile(loss='binary_crossentropy', optimizer=optimizer)
14
15  model.summary()
```

2.5　本章小结

　　本章介绍了 TensorFlow 的基本概念及基本的使用方法，旨在帮助读者快速地了解并使用 TensorFlow。后面章节的内容会围绕着深度神经网络展开，通过实战项目帮助读者巩固对 TensorFlow 的掌握，并能使用 TensorFlow 搭建相应的神经网络模型，解决实际的问题。

第 3 章　前馈神经网络

本章内容

◎ 感知器模型

◎ 多层神经网络中常用的激活函数

◎ 损失函数和输出单元的选择

◎ TensorFlow 实现神经网络

从本章起，我们将正式开始介绍深度神经网络模型，以及学习如何使用 TensorFlow 实现深度学习算法。人工神经网络（简称神经网络）在一定程度上受到了生物学的启发，期望通过一定的拓扑结构来模拟生物的神经系统，是一种主要的连接主义模型（人工智能三大主义：符号主义、连接主义和行为主义）。

本章将从最简单的神经网络模型——感知器模型开始，首先了解感知器模型（单层神经网络）能够解决什么样的问题，以及它所存在的局限性。为了克服单层神经网络的局限性，我们必须拓展到多层神经网络。围绕多层神经网络，我们会进一步介绍常用的激活函数等。本章的内容是深度学习的基础，对于理解后续章节的内容非常重要。

深度学习的概念是从人工神经网络的研究中发展而来的，早期的感知器模型只能解决简单的线性分类问题，后来发现通过增加网络的层数可以解决类似于"异或问题"的线性不可分问题，这种多层的神经网络又被称为多层感知器。对于多层感知器，我们使用反向传播算法进行模型的训练，但是我们发现反向传播算法有着收敛速度慢、容易陷入局部最优等缺点，限于当时计算机的算力及数据量的不足，反向传播算法无法很好地训练多层感知器。另外，当时使用的激活函数也存在着梯度消失的问题，这使得人工神经网络的发展几乎陷入了停滞状态。

为了让多层神经网络能够训练，学者们探索了很多的改进方案，直到 2006 年杰弗里·辛顿等人基于深度置信网络（DBN）提出了无监督贪心逐层训练算法，才让这一问题的解决有了希望，深度学习的概念也是在这一年由杰弗里·辛顿等人提出的。

本章内容主要包括四个部分：第一部分介绍神经网络的基本结构，从基本的感知器模型到多层的神经网络结构；第二部分介绍神经网络中常用的激活函数；第三部分介绍损失函数和输出单元的选择；第四部分是使用 TensorFlow 搭建一个简单的多层神经网络，实现 MNIST 手写数字的识别。

本章知识结构图

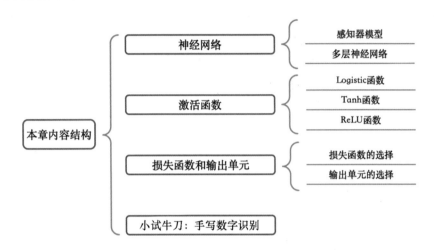

3.1　神经网络

3.1.1　感知器模型

感知器（Perceptron）是最简单的人工神经网络，也可以称之为单层神经网络，如图 3-1 所示。感知器是由费兰克·罗森布莱特（Frank Rosenblatt）在 1957 年提出来的，它的结构很简单，输入是一个实数值的向量，输出只有两个值：1 或 -1，是一种两类线性分类模型。

如图 3-1 所示，感知器对于输入的向量先进行了一个加权求和的操作，得到一个中间值，假设该值为 Z，则有：

$$Z = w_1 x_1 + w_2 x_2 + \cdots + w_n x_n + b \tag{式 3-1}$$

接着再经过一个激活函数得到最终的输出，该激活函数是一个符号函数：

$$y = \text{sgn}(Z) = \begin{cases} 1 & \text{if } Z > 0 \\ -1 & \text{otherwise} \end{cases} \tag{式 3-2}$$

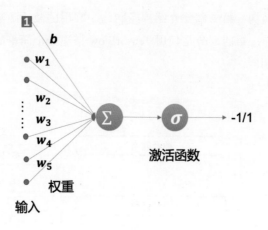

图 3-1　感知器模型

3.1.2　多层神经网络

感知器的本质是一个线性分类器，只能解决线性可分的问题，以逻辑运算为例，如图 3-2 所示。

感知器可以解决逻辑"与"和逻辑"或"的问题，但是无法解决"异或"问题，因为"异或"运算的结果无法使用一条直线来划分，如图 3-2 所示。为了解决线性不可分的问题，我们需要引入多层神经网络，理论上，多层神经网络可以拟合任意的函数（本书配套的 GitHub 项目中有相关资料供参考）。

与单层神经网络相比，除有输入层和输出层外，多层神经网络还至少需要一个隐藏层，含有一个隐藏层的两层神经网络如图 3-3 所示（由于输入层并没有发生计算，因此本书在计算网络层数时不考虑输入层）：

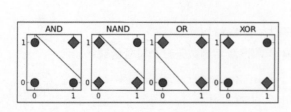

图 3-2　逻辑运算

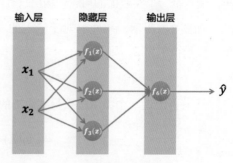

图 3-3　两层神经网络

为了更直观地比较单层神经网络和多层神经网络的差别，我们利用 TensorFlow PlayGround 来演示两个例子。TensorFlow PlayGround 是谷歌推出的一个深度学习的可视化的演示平台。

首先看一个线性可分的例子，如图 3-4 所示。图的右侧是数据可视化后的效果，数据是能够用一条直线划分的。从图中可以看到，使用了一个单层神经网络，输入层有两个神经元，输出层只有一个神经元，并且使用了线性函数作为激活函数。

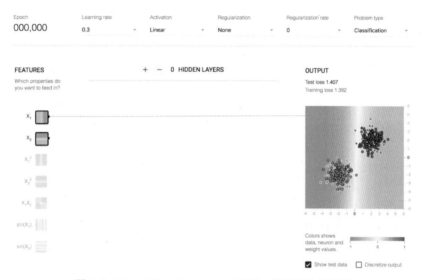

图 3-4　TensorFlow PlayGround 示例：线性可分的数据

单击开始训练的按钮，最终的分类结果如图 3-5 所示。

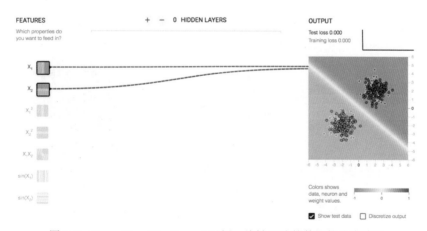

图 3-5　TensorFlow PlayGround 示例：线性可分的数据的分类结果

在上面的例子里，我们使用单层神经网络解决了一个线性可分的二分类问题，接下来再看一个线性不可分的例子，如图 3-6 所示。

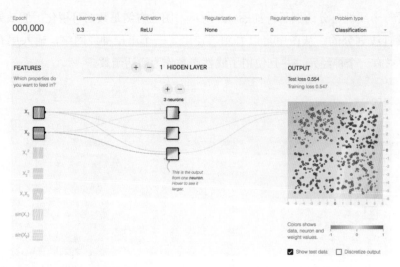

图 3-6　TensorFlow PlayGround 示例：线性不可分的数据

在这个例子里，我们使用了一组线性不可分的数据。为了对这组数据进行分类，我们使用了一个含有一层隐藏层的神经网络，隐藏层有 3 个神经元，并且使用了一个非线性的激活函数，即 ReLU 函数。要想对线性不可分的数据进行分类，必须引入非线性的因素，即非线性的激活函数。

最终的分类结果如图 3-7 所示。

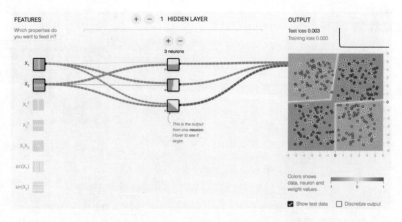

图 3-7　TensorFlow PlayGround 示例：线性不可分的数据的分类结果

感兴趣的读者可以尝试使用线性的激活函数，看会是什么样的效果，还可以尝试其他数据，试着增加网络的层数和神经元的个数，看看分别对模型的效果会产生什么样的影响。

3.2　激活函数

为了解决非线性的分类或回归问题，激活函数必须是非线性函数，另外使用基于梯度的方式来训练模型，因此激活函数也必须是连续可导的。

3.2.1　Logistic 函数

Logistic 函数（又称为 Sigmoid 函数）的数学表达式和函数图像如图 3-8 所示。

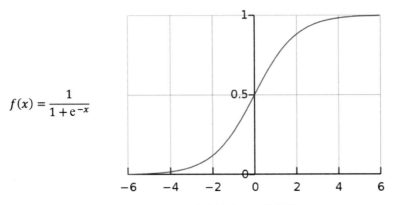

$$f(x) = \frac{1}{1 + e^{-x}}$$

图 3-8　Logistic 函数表达式及函数图像

Logistic 函数在定义域上单调递增，值域为（0,1），越靠近两端，函数值的变化越平缓。Logistic 函数简单易用，以前的神经网络经常使用它作为激活函数，但是现在很少有神经网络用它，主要因为它容易饱和。从函数图像可以看到，Logistic 函数只在坐标原点附近有很明显的梯度变化，其两端的变化非常平缓，这会导致在用反向传播算法更新参数的时候容易出现梯度消失的问题，并且随着网络层数的增加，梯度消失的问题会更严重。

3.2.2　Tanh 函数

Tanh 函数（双曲正切激活函数）的数学表达式和函数图像如图 3-9 所示。

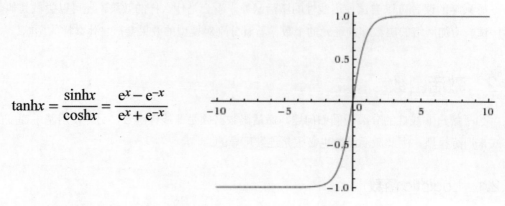

图 3-9　Tanh 函数表达式及函数图像

Tanh 函数很像是 Logistic 函数的放大版，其值域为 (−1,1)。在实际的使用中，Tanh 函数效果要优于 Logistic 函数，但是 Tanh 函数也同样面临着在其大部分定义域内都饱和的问题。

3.2.3　ReLU 函数

ReLU 函数（又称修正线性单元或整流线性单元）是目前最受欢迎、也是使用最多的激活函数之一，其数学表达式和函数图像如图 3-10 所示。

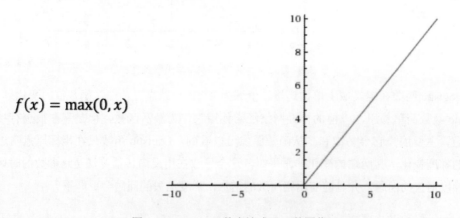

图 3-10　ReLU 函数表达式及函数图像

ReLU 激活函数的收敛速度相较于 Logistic 函数和 Tanh 函数要快很多，ReLU 函数在 y 轴左侧的值恒为零，这使得神经网络具有一定的稀疏性，从而减小参数之间的依存关系，缓解过拟合的问题，并且 ReLU 函数在 y 轴右侧的部分导数是一个常数值 1，因此不存在梯度消失的问题。但是 ReLU 函数也有缺点，例如 ReLU 的强制稀疏处理虽然可以缓解过拟合问题，但是也可能因被屏蔽的特征过多而使得模型无法学习到有效特征。

除了上面介绍的三种激活函数，还有很多其他激活函数，包括对 ReLU 激活函数的改进版本等。在实际的使用中，目前依然是 ReLU 激活函数的效果更好。现阶段激活函数也是一个很活跃的研究方向，感兴趣的读者可以去查询更多的资料，如本书 GitHub 项目中给出的参考资料等。

3.3　损失函数和输出单元

损失函数（Loss Function），又称为代价函数（Cost Function），是神经网络设计中的一个重要部分。损失函数用来表征模型的预测值与真实类标之间的误差，深度学习模型的训练就是使用基于梯度的方法使损失函数最小化的过程。损失函数与输出单元有着密切的关系。

3.3.1　损失函数的选择

1. 均方误差损失函数

均方误差（Mean Squared Error，MSE）损失函数用预测值和实际值之间的距离（即误差，为了保证一致性，通常使用距离的平方）来衡量模型的好坏。在深度学习算法中，我们使用基于梯度的方式来训练参数，每次将一个批次的数据输入模型中，并得到这批数据的预测结果，再利用这一预测结果和实际值之间的距离更新网络的参数。均方误差损失函数将这一批数据的误差的期望作为最终的误差值，均方误差的公式如下：

$$\text{MSE} = \frac{1}{N} \sum_{k=1}^{N} (y_k - \hat{y}_k)^2$$

上式中 y_k 为样本数据的实际值，$\hat{y}_k$ 为模型的预测值。为了简化计算，我们一般会在均方误差的基础上乘以 $\frac{1}{2}$（与求导后多出的"乘以 2"相抵消），作为最终的损失函数：

$$\text{MSE} = \frac{1}{2N} \sum_{k=1}^{N} (y_k - \hat{y}_k)^2$$

2. 交叉熵损失函数

交叉熵（Cross Entropy）损失函数使用训练数据的真实类标与模型预测值之间的交叉熵作为损失函数，相较于均方误差损失函数更受欢迎。假设使用均方误差这类二次函数作为代价函数更新神经网络参数，误差项中则会包含激活函数的偏导。在前面已经介绍过，Logistic 等激活函数很容易饱和，使得参数的更新缓慢，甚至无法更新。交叉熵损失函数求导不会引入激活函数的导数，因此可以很好地避免这一问题，交叉熵的定义如下：

$$H(p,q) = E_p \left[\frac{1}{\log(q)} \right] = -\sum_x p(x) \log(q(x))$$

上式中 $p(x)$ 为样本数据的真实分布，$q(x)$ 为模型预测结果的分布。以二分类问题为例，交叉熵损失函数的形式如下：

$$\mathcal{T}(\theta) = -\frac{1}{N} \sum_x [y \ln \hat{y} + (1-y) \ln(1-\hat{y})]$$

上式中 y 为真实值，$\hat{y}$ 为预测值。对于多分类问题，我们对每一个类别的预测结果计算交叉熵后求和即可。

3.3.2 输出单元的选择

1. 线性单元

线性单元常用于回归问题。如果输出层采用线性单元，则在收到上一层的输出 h 后，输出层输出一个向量 $\hat{y} = \omega^T h + b$。线性单元的一个优势是其不存在饱和的问题，因此很适合采用基于梯度的优化算法。

2. Sigmoid 单元

Sigmoid 单元常用于二分类问题。Sigmoid 单元是在线性单元的基础上，增加了一个阈值来限制其有效概率，使其被约束在区间 (0,1) 之中，线性输出单元的定义为

$$\hat{y} = \sigma(\omega^T h + b)$$

上式中 σ 是 Sigmoid 函数的符号表示，其数学表达式在 3.2.1 节中有介绍。

3. Softmax 单元

Softmax 单元适用于多分类问题，可以将其看成 Sigmoid 函数的扩展。对于 Sigmoid 输出单元的输出，可以认为其值为模型预测样本中某一类的概率，而 Softmax 函数则需要输出多个值，输出值的个数对应分类问题的类别数。Softmax 函数的形式如下：

$$\text{Softmax}(y)_i = \frac{e^{y_i}}{\sum_j e^{y_j}}$$

Softmax 函数的作用可以简单地用图 3-11 来表示。原始输出层的输出为 $y_1 = 0.8$，$y_2 = 0.7$，$y_3 = 0.4$，增加了 Softmax 层后，最终的输出为

$$\hat{y}_1 = \frac{e^{0.8}}{e^{0.8} + e^{0.7} + e^{0.4}} = 0.3881118881$$

$$\hat{y}_2 = \frac{e^{0.7}}{e^{0.8} + e^{0.7} + e^{0.4}} = 0.3513986014$$

$$\hat{y}_3 = \frac{e^{0.4}}{e^{0.8} + e^{0.7} + e^{0.4}} = 0.2604895105$$

上式中 $\hat{y}_1$、$\hat{y}_2$ 和 $\hat{y}_3$ 的值可以看成分类器预测的结果，值的大小代表分类器认为该样本属于该类别的概率，$\hat{y}_1$、$\hat{y}_2$ 和 $\hat{y}_3$ 的和为 1。

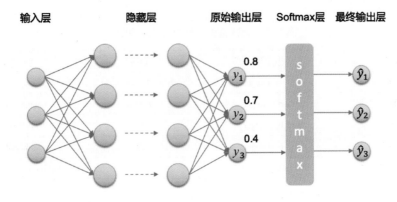

图 3-11　Softmax 输出单元

需要注意的是，Softmax 层的输入和输出的维度是一样的，如果不一样，则可以通过在 Softmax 层的前面添加一层全连接层来达成一致。

3.4　小试牛刀：MNIST 手写数字识别

就像我们在学习一门编程语言时总喜欢把"Hello World！"作为入门的示例代码一样，MNIST 手写数字识别问题就像是深度学习的"Hello World！"。通过这个例子，我们将了解如何将较为原始的数据转化为神经网络所需的数据格式，以及如何使用 TensorFlow 搭建一个简单的多层神经网络模型。

3.4.1　MNIST 数据集

MNIST 数据集可以从官网上下载，需要下载的数据集总共有 4 个文件，其中" train-images-idx3-ubyte.gz "是训练集的图片，总共有 60000 张，" train-labels-idx1-ubyte.gz "是训练集图片对应的类标（0~9）。" t10k-images-idx3-ubyte.gz "是验证集的图片，总共有 10000 张，" t10k-labels-idx1-ubyte.gz "是验证集图片对应的类标（0~9）。虽然 TensorFlow 的示例代码中已经对 MNIST 数据集的处理进行了封装，但是因为这本书的第一个项目，而数据处理在整个机器学习项目中是很关键的一个环节，所以我们仍希望带着读者从数据处理开始，体现其重要性。

我们将下载的压缩文件解压后会发现数据都是以二进制文件的形式存储的，以训练集的图像数据为例，如表 3-1 所示。

表 3-1　训练集图像数据的文件格式

[offset]	[type]	[value]	[description]
0000	32 bit integer	0x00000803(2051)	magic number
0004	32 bit integer	60000	number of images
0008	32 bit integer	28	number of rows
0012	32 bit integer	28	number of columns
0016	unsigned byte	??	pixel
017	unsigned byte	??	pixel
......			
xxxx	unsigned byte	??	pixel

如表 3-1 所示，解压后的训练集图片数据" train-images-idx3-ubyte "文件，前 16 个字节的内容是文件的基本信息，分别是 magic number（又称为幻数，用来标记文件的格式）、图片样本的数量（60000）、每张图片的行数，以及每张图片的列数。由于每张图片的大小是 28×28，所以从编号 0016 的字节开始，每次读取 28×28=784 个字节，即读取了一张完整的图片。我们读取的每一个字节代表一个像素，取值范围是 [0,255]：像素值越接近 0，颜色越接近黑色；像素值越接近 255，颜色越接近白色。

训练集类标文件格式如表 3-2 所示。训练集类标数据文件的前 8 个字节记录了文件的基本信息，包括 magic number 和类标项的数量（60000）。从编号 0008 的字节开始，每一个字节就是一个类标，类标的取值范围是 [0,9]，类标直接标明了对应的图像样本的真实数值。如图 3-12 所示，我们将部分数据进行了可视化。验证集的图像数据和类标数据的文件格式与训练集一样。

表 3-2 训练集类标文件格式

[offset]	[type]	[value]	[description]
0000	32 bit integer	0x00000801(2049)	magic number(MSB first)
0004	32 bit integer	60000	number of items
0008	unsigned byte	??	label
0009	unsigned byte	??	label
......			
xxxx	unsigned byte	??	label

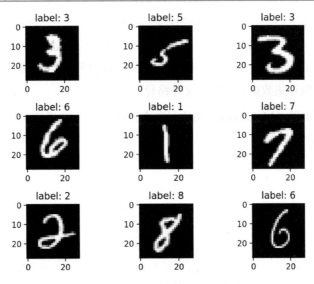

图 3-12 训练集图像数据可视化效果

3.4.2 数据处理

在开始实现神经网络之前，我们要先准备好数据，对 MNIST 数据集做一些封装以及简单的特征工程。定义一个"MnistData"类来管理数据：

```
1  import numpy as np
2  import struct
```

```
3
4  class MnistData:
5      def __init__(self, train_image_path, train_label_path,
6                   test_image_path, test_label_path):
7          # 训练集和验证集的文件路径
8          self.train_image_path = train_image_path
9          self.train_label_path = train_label_path
10         self.test_image_path = test_image_path
11         self.test_label_path = test_label_path
12
13         # 获取训练集和验证集数据
14         # get_data() 方法，若参数为 0 则获取训练集数据，若参数为 1 则获取验证集
15         self.train_images, self.train_labels = self.get_data(0)
16         self.test_images, self.test_labels = self.get_data(1)
```

在 "__init__" 方法中初始化了 "MnistData" 类相关的参数，其中 "train_image_path" 和 "train_label_path" 分别是训练集数据和类标的文件路径，"test_image_path" 和 "test_label_path" 分别是验证集数据和类标的文件路径。

接下来我们要实现 "MnistData" 类的另一个方法 "get_data"，该方法实现了 MNIST 数据集的读取及预处理。

```
17 def get_data(self, data_type):
18     if data_type == 0:   # 获取训练集数据
19         image_path = self.train_image_path
20         label_path = self.train_label_path
21     else:   # 获取验证集数据
22         image_path = self.test_image_path
23         label_path = self.test_label_path
24
25     with open(image_path, 'rb') as file1:
26         image_file = file1.read()
27     with open(label_path, 'rb') as file2:
28         label_file = file2.read()
29
30     label_index = 0
```

```
31    image_index = 0
32    labels = []
33    images = []
34
35    # 读取训练集图片数据文件的文件信息
36    magic, num_of_datasets, rows, columns =\
37        struct.unpack_from('>IIII', image_file, image_index)
38    image_index += struct.calcsize('>IIII')
39
40    for i in range(num_of_datasets):
41        # 读取784个 unsigned byte, 即一幅图片的所有像素值
42        temp = struct.unpack_from('>784B', image_file, image_index)
43        # 将读取的像素数据转换成28×28的矩阵
44        temp = np.reshape(temp, (28, 28))
45        # 归一化处理
46        temp = temp / 255
47        images.append(temp)
48        image_index += struct.calcsize('>784B')   # 每次增加784B
49
50    # 跳过描述信息
51    label_index += struct.calcsize('>II')
52    labels = struct.unpack_from('>' + str(num_of_datasets)
53                              + 'B', label_file, label_index)
54
55    # One-Hot 编码
56    labels = np.eye(10)[np.array(labels)]
57
58    return np.array(images), labels
```

　　由于 MNIST 数据是以二进制文件的形式存储的，所以需要用到 struct 模块来处理文件，uppack_from 函数用来解包二进制文件，在第 38 行代码中，参数" >IIII "指定读取 16 个字节的内容，这正好是文件的基本信息部分。其中" > "代表二进制文件是以大端法存储的，" IIII "代表四个 int 类型的长度，这里一个 int 类型占 4 个字节。参数" image_file "是要读取的文件，" image_index "是偏置量。如果要连续地读取文件内容，每读取一部分数据后就要增加相应的偏置量。

第 46 行代码对数据进行了归一化处理，在后面实现神经网络模型的时候，读者可以尝试注释掉归一化的这行代码，比较一下做归一化和不做归一化，模型的效果有什么差别。

3.4.3　简单前馈神经网络的实现

介绍完 MNIST 数据集之后，可以开始动手实现一个神经网络来解决手写数字识别的问题了。本节所实现的是如图 3-13 所示的一个简单的两层神经网络。

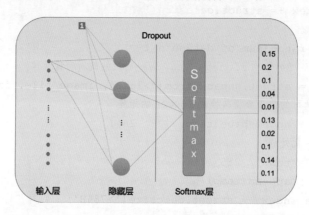

图 3-13　实现 MNIST 手写数字识别的两层神经网络结构

接下来实现具体的代码，先构建网络模型：

```
1   import tensorflow as tf
2
3   model = tf.keras.models.Sequential([
4       tf.keras.layers.Flatten(input_shape=(28, 28)),
5       tf.keras.layers.Dense(512, activation=tf.nn.relu),
6       tf.keras.layers.Dropout(0.2),
7       tf.keras.layers.Dense(10, activation=tf.nn.softmax)
8   ])
9   model.compile(optimizer='adam',
10               loss='categorical_crossentropy',
11               metrics=['accuracy'])
12
13  model.summary()
```

第 4 行代码将二维图像矩阵转换成一维的向量作为神经网络的输入。第 5 行代码定义了第一个隐藏层，该隐藏层有 512 个神经元，使用了 ReLU 激活函数。第 6 行代码是对第一层隐藏层的输出进行 Dropout 操作，防止过拟合。第 7 行代码定义了第二层隐藏层，该层为 Softmax 层。使用"model.summary"输出模型的概况信息，如图 3-14 所示。

```
Model: "sequential_3"

Layer (type)                 Output Shape              Param #
=================================================================
flatten_3 (Flatten)          (None, 784)               0

dense_6 (Dense)              (None, 512)               401920

dropout_3 (Dropout)          (None, 512)               0

dense_7 (Dense)              (None, 10)                5130
=================================================================
Total params: 407,050
Trainable params: 407,050
Non-trainable params: 0
```

图 3-14　模型的概况信息

初始化 MnistData 类后，我们使用"fit"方法训练模型：

```
train_image_path = './data/train-images-idx3-ubyte'
train_label_path = './data/train-labels-idx1-ubyte'
test_image_path = './data/t10k-images-idx3-ubyte'
test_label_path = './data/t10k-labels-idx1-ubyte'

data = MnistData(train_image_path, train_label_path,
                test_image_path, test_label_path)

model.fit(data.train_images, data.train_labels, epochs=10)
```

训练过程如图 3-15 所示。

```
Epoch 1/10
60000/60000 [==============================] - 6s 97us/sample - loss: 0.2224 - accuracy: 0.9337
Epoch 2/10
60000/60000 [==============================] - 6s 96us/sample - loss: 0.0961 - accuracy: 0.9705
Epoch 3/10
60000/60000 [==============================] - 6s 94us/sample - loss: 0.0691 - accuracy: 0.9776
Epoch 4/10
60000/60000 [==============================] - 5s 92us/sample - loss: 0.0523 - accuracy: 0.9836
Epoch 5/10
60000/60000 [==============================] - 5s 91us/sample - loss: 0.0416 - accuracy: 0.9865
Epoch 6/10
60000/60000 [==============================] - 5s 91us/sample - loss: 0.0369 - accuracy: 0.9878
Epoch 7/10
60000/60000 [==============================] - 5s 91us/sample - loss: 0.0308 - accuracy: 0.9895
Epoch 8/10
60000/60000 [==============================] - 5s 92us/sample - loss: 0.0257 - accuracy: 0.9911
Epoch 9/10
60000/60000 [==============================] - 6s 94us/sample - loss: 0.0255 - accuracy: 0.9915
Epoch 10/10
60000/60000 [==============================] - 6s 96us/sample - loss: 0.0220 - accuracy: 0.9926

<tensorflow.python.keras.callbacks.History at 0x7f19b49d72e8>
```

图 3-15　模型的训练过程

从图 3-15 可以看到，最终模型在训练集上的准确率为 0.9926。我们使用验证集验证一下模型的效果：

```
15 model.evaluate(data.test_images, data.test_labels)
```

如图 3-16 所示，模型最终在验证集上的准确率为 0.9817。

```
10000/10000 [==============================] - 1s 66us/sample - loss: 0.0731 - accuracy: 0.9817

[0.07307186364395202, 0.9817]
```

图 3-16　模型在验证集上的效果

3.5　本章小结

到这里我们已经介绍完基本的前馈神经网络的内容了，这一章的内容是深度神经网络的基础，理解本章的内容对于后续内容的学习很有帮助。从下一章开始，我们要正式开始 CNN、RNN 等现代深度神经网络的学习了。

3.6　本章练习

1. 参考第 2 章中自定义模型类，改写本章 3.4.3 节的代码。

2. 在 3.4 节代码的基础上，尝试使用不同的网络层数和激活函数，观察对模型的最终效果有什么影响。

3. 请尝试将 3.4 节的代码应用在 Fashion-MNIST 数据集上。

第4章 卷积神经网络

本章内容

◎ 卷积神经网络的基本原理

◎ 卷积神经网络的结构和特征

◎ 卷积神经网络的 TensorFlow 实现

◎ 几种经典的卷积神经网络

　　卷积神经网络（Convolutional Neural Network，CNN）是一种专门用来处理网格结构数据（例如图像数据）的前馈神经网络，它早期的研究和发展受到了生物学家 Hubel 和 Wiesel 对于猫脑视觉皮层研究的影响。Hubel 和 Wiesel 通过对猫脑视觉皮层的研究，发现初级视觉皮层中的神经元会响应视觉环境中特定的特征（称之为感受野机制）。他们注意到了两种不同类型的细胞：简单细胞和复杂细胞，其中，简单细胞只对特定的空间位置和方向具有强烈的反应，而复杂细胞具有更大的接受域，对于特征位置的微小偏移具有不变性。

　　通过上一章的介绍，我们了解到全连接神经网络的工作原理，后一层中的每一个神经元和上一层的所有神经元之间都有连接。虽然这种方式能最大限度地让整个网络中的神经元接收各个维度的信息，但是它的缺点也很明显。首先，全连接网络的参数较多，这会增加模型训练的时间和难度；其次，过多的参数会导致过拟合问题，使得模型的泛化能力不强。另外，二维图像数据所具有的局部不变性特征对于全连接神经网络来说是难以被提取的。

　　卷积神经网络一直是深度学习领域研究的核心。虽然早在上世纪 90 年代，卷积神经网络就已经有一些实际场景的应用，但是卷积神经网络之所以能得到大范围的研究和使用，主要归功于近些年所取得的巨大进展。其中，一个重要的节点是，杰弗里·辛顿领导的小组设计的 AlexNet 获得了 2012 年 ImageNet 竞赛的冠军。他们把图片分类的误差从原来的 26% 降低到 15%，在计算机视觉领域引起了不小的轰动。也是在那年之后，更多更深的神经网络一一被提出。直到现在，深度卷积神经网络已经发展成为计算机视觉领域非常重要的一部分。

本章知识结构图

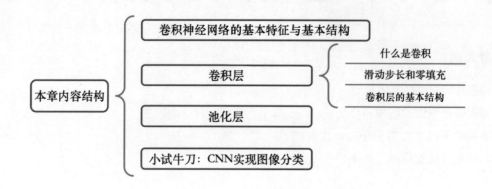

4.1　卷积神经网络的基本特征与基本结构

图像的识别、分类是计算机视觉领域中比较常见的问题。对于计算机来说，一张图片就是一个大小为 $M \times N \times 3$ 的像素矩阵（以三通道图像为例），像素矩阵中每个像素的值在 0 到 255 之间。在给定这个像素矩阵作为输入后，要计算输出该图像所属的类别，并不是一件十分简单的事。

当人在看到一幅图片时，首先都会关注图片中比较突出的、信息量比较大的局部特征，例如，当我们看到一张宠物狗的图片时，我们的目光一般首先会落在狗的脸部及四条腿等部位，然后根据经验，我们知道这是一张狗的图片。卷积神经网络借鉴了人类视觉系统的工作原理，首先通过寻找这幅图片的边缘或者曲线等部位得到一些低级特征，然后再通过一系列卷积层将这些低级的特征汇聚成更加高级的特征。由于这些高级的特征是由多个低级特征卷积构成的，因此高级特征能覆盖原始图片更多的信息。

卷积神经网络主要有以下三大特征：

1. 局部连接

在第 3 章中介绍的前馈神经网络相邻的两层之间，前一层的每一个神经元（或者是输入层的每一个单元）与后一层的每一个神经元都有连接，这种情况称为全连接。全连接网络的一个缺点就是参数太多。假设我们输入神经网络中的是一张三通道的彩色图片，图片大小为 128×128，那么，输入层就有 $128 \times 128 \times 3 = 49150$ 个单元。使用全连接神经网络的话，输入层到第一层隐藏层的每一个神经元都有 49150 个连接，随着网络层数的增加和每一层中神经元数量的增加，网络中的参数也会急剧增加。大量的参数不仅会拉低神经网络训练的效率，也很容易造成过拟合。

在卷积神经网络中，层与层之间不再是全连接，而是局部连接，具体的实现方法就是卷积操作。

2. 权值共享

在卷积神经网络中，每一层卷积层中都会有一个或者多个卷积核（也称为滤波器）。这些卷积核可以识别图片中某些特定的特征，每个卷积核会去滑动卷积上一层的特征图，在卷积的过程中卷积核的参数是不变且共享的。这样在训练过程中，与之前的全连接神经网络训练大尺度输入样本时需要大量参数相比，卷积神经网络只需要少得多的参数就可以完成训练。

3. 子采样

子采样层（Subsampling Layer），也称作池化层（Pooling Layer），作用是对上一卷积层进行聚合，使得上一层卷积层的输入特征图尺寸在经过该子采样层的聚合（即池化）后减小，从而降低特征和参数的数量。子采样层所做的事，其实就是对上一层卷积层进行扫描，每次扫描特定区域，然后计算该区域特征的最大值（最大池化，Maximum Pooling）或者平均值（平均池化，Mean Pooling），作为该区域特征的表示。

以上三个特征使得卷积神经网络具有一定程度上的缩放、平移和旋转不变性，并且相较于全连接神经网络，其网络参数也少了很多。

一个基本的卷积神经网络通常是由卷积层、池化层和全连接层交叉堆叠而成的。如图 4-1 所示，由连续 M 个卷积层和 h 个池化层构成一个卷积块（M 的取值一般为 1~5，h 的取值一般为 0 或 1），一个卷积神经网络中可以堆叠 N 个连续的卷积块（N 的取值可以很大，较深的网络可以达到 100 多层）。在 N 个连续的卷积块之后是 K 个连续的全连接层（K 一般取 1~2）。

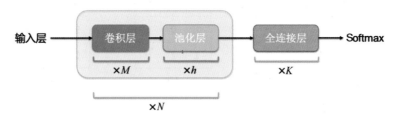

图 4-1　基本的卷积神经网络结构示意图

4.2 卷积层

4.2.1 什么是卷积

卷积（Convolution）是分析数学中一种重要的运算，有着非常广泛的运用，在图像处理中，常用的是二维卷积。以单通道的灰度图像为例，对图像进行卷积操作，就是使用一个卷积核（也称滤波器，在本书中统一称为卷积核）分别与图像的同等大小区域进行点乘。卷积核依次从左往右、从上往下滑过该图像的所有区域，将点乘后得到的矩阵各个位置上的值累加，作为卷积后图像上的像素值。这种将图像和卷积核进行按位点乘后求和的操作，就是卷积神经网络中的卷积操作。

假定有一个图像 X，其大小为 $M×N$，给定一个卷积核 W，其大小为 $m×n$，则卷积的公式可定义为

$$y_{ij} = \sum_{u=1}^{m}\sum_{v=1}^{n} w_{uv} \times x_{i+u-1, j+v-1} \quad (1 \leq i \leq M-m+1, 1 \leq j \leq N-n+1)$$

看一个简单的例子，如图 4-2 所示，有一张大小为 5×5 的图像（单通道），X 是其像素矩阵，矩阵 W 为卷积核，其大小为 3×3，矩阵 Y 是卷积得到的结果，称为特征映射或特征图（Feature Map）。根据上式，我们可以计算 y_{11} 的值为

$$y_{11} = w_{11} \times x_{11} + w_{12} \times x_{12} + w_{13} \times x_{13} +$$
$$w_{21} \times x_{21} + w_{22} \times x_{22} + w_{23} \times x_{23} +$$
$$w_{31} \times x_{31} + w_{32} \times x_{32} + w_{33} \times x_{33}$$
$$= 0 + 0 + 0 + 0 + 0 - 2 - 1 + 2 + 0$$
$$= -1$$

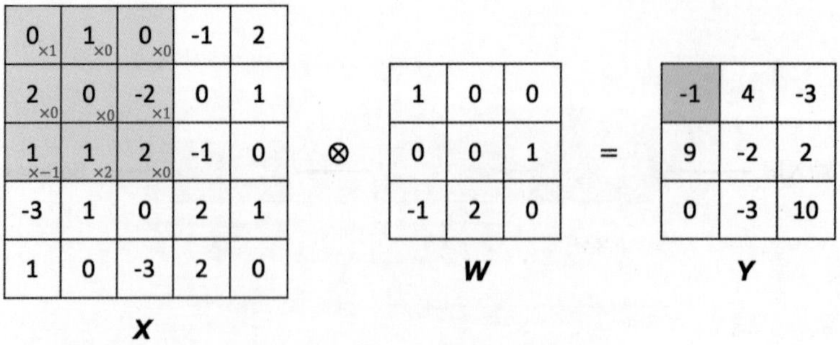

图 4-2　二维滤波器的卷积运算示例

需要说明的是，这里我们所说的卷积实际上是互相关（Cross-correlation）。两者的区别在于，卷积的计算需要将卷积核进行翻转（相当于旋转 180°），互相关也可以理解为不对卷积核进行翻转的卷积。

这里不需要对卷积核进行翻转的原因是，卷积核是否进行翻转并不影响神经网络对特征的抽取，另外卷积神经网络中的卷积核是需要学习的参数，因此卷积和互相关在这里其实是等价的。由于互相关的计算更加简便，所以目前我们在深度学习中都是使用互相关来替代卷积的。

在图像处理中，卷积是用来做特征提取的一个有效方法。不同的卷积核可以用来检测图像中不同的特征，以手写数字识别为例，如图 4-3 左侧所示是一个手写数字"1"，右侧是它的像素值。

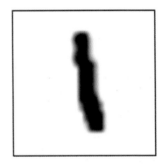

图 4-3 手写数字"1"
（左图：手写数字原始图像；右图：手写数字的像素值）

现在要用卷积操作来提取这个数字的特征，假设有如图 4-4 所示的两个卷积核。

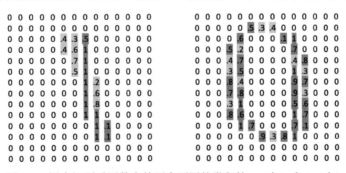

图 4-4 用来识别手写数字的两个不同的卷积核 *a*（左）和 *b*（右）

如图 4-5 所示，当用卷积核 *a* 对原始图像做卷积操作时，根据前面介绍的卷积计算方式，其结果为

$$0.6 \times 0.3 + 0.8 \times 0.5 + 0.7 \times 0.6 + 1 \times 1 + \cdots = 14.78$$

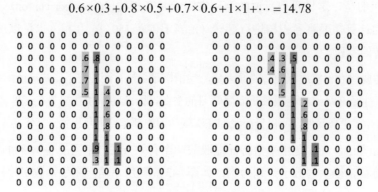

图 4-5　使用卷积核 *a* 对原始图像做卷积操作
（左：原始图像的像素表示。右：卷积核 *a*）

再换用卷积核 *b* 对原始图像进行卷积，如图 4-6 所示。

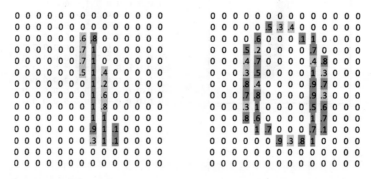

图 4-6　使用卷积核 *b* 对原始图像做卷积操作
（左：原始图像的像素表示。右：卷积核 *b*）

卷积得到的结果为

$$0.3 \times 0.3 + 1 \times 0.8 + 1 \times 1 + 1 \times 0.7 = 2.59$$

从计算结果来看，卷积核 *a* 与原始图像卷积计算得到的值要远大于卷积核 *b*。通过观察也能发现，卷积核 *a* 的形状与原始图像的形状重合度较高，这也是卷积核提取图像特征的关键。如果图像的某一区域与卷积核所能检测的特征很相似，那么该区域就会激活卷积核，得到一个很高的值，反之，卷积操作之后，该区域的值就会相对较低。

如图 4-7 所示是在图像处理中常用的卷积核，图中最上面的卷积核是高斯卷积核，其作用是对图像进行平滑降噪处理，第二个和第三个卷积核可以用来进行边缘检测。

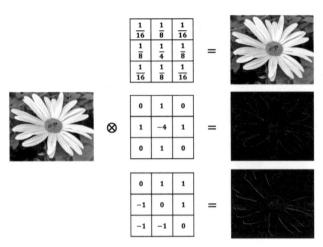

图 4-7　图像处理中的几种滤波器示例 (图片源自邱锡鹏教授的课件)

现实中不可能针对每一种情况去设计一个卷积核，而卷积神经网络的强大就在于它可以通过从训练数据中学习到所需的卷积核，从而完成图像检测、分类的任务。

4.2.2　滑动步长和零填充

在卷积神经网络中，为了达到更灵活的特征抽取，我们引入了卷积核的滑动步长（Stride）和零填充（Zero-padding）来增加卷积的多样性。

卷积核的滑动步长是指卷积核在卷积操作中每次移动的距离，如图 4-8 的上半部分所示是滑动步长为 1 时的情况。如果将滑动步长设为 2，则卷积核每次在横向（或纵向）移动的距离就为 2，如图 4-8 的下半部分所示。

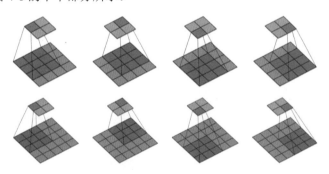

图 4-8　滑动步长分别为 1（上）和 2（下）的卷积过程示例[①]

① (本小节图片均引用自：Dumoulin V , Visin F *A guide to convolution arithmetic for deep learning*[J]. 2016.)。

零填充是指在输入矩阵的四周填充零。如图 4-9 所示在输入矩阵的周围填充了宽度为 2 的零。

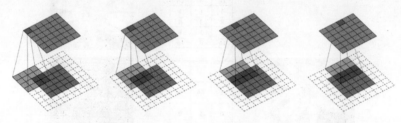

图 4-9　宽度为 2 的零填充示例

在卷积神经网络中，按照不同的零填充的方式可以划分为不同的卷积，如下是三种较为常用的卷积（假设输入矩阵的大小为 $m \times m$，卷积核的大小为 $n \times n$，滑动步长为 s，零填充的宽度为 p）。

1. 窄卷积（Narrow Convolution）：图 4-8 上半部分所示的情况就是窄卷积，其中滑动步长 $s = 1$，不进行零填充，卷积后输出的特征图大小为 $(m-n+1) \times (m-n+1)$。

2. 宽卷积（Wide Convolution）：图 4-10 所示是宽卷积的示例，其中滑动步长 $s = 1$，零填充的宽度为 $p = n - 1$，卷积后输出的特征图大小为 $(m+n-1) \times (m+n-1)$。

图 4-10　宽卷积示例

3. 等宽卷积（Equal-width Convolution）：图 4-11 所示是等宽卷积的示例，其中滑动步长 $s = 1$，零填充的宽度为 $p=(n-1)/2$，卷积后输出的特征图大小为 $m \times m$，等宽卷积得到的特征图和输入的原图大小一致。

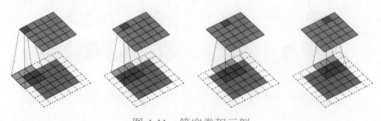

图 4-11　等宽卷积示例

4.2.3　卷积层的基本结构

如图 4-12 所示，假设输入神经网络中的是一张大小为 256×256 的图像，第一层隐藏层的神经元个数为 241×241。在只考虑单通道的情况下，全连接神经网络输入层到第一层隐藏层的连接数为 (256×256)×(241×241)，也就是说，输入层到第一层隐藏层有 (256×256)×(241×241)+1 个参数（1 为偏置项参数个数）。而在卷积神经网络中，假设使用了一个大小为 16×16 的卷积核，则输入层到第一层隐藏层的连接数为 (256×256)×(16×16)，由于卷积核是共享的，因此参数个数仅为 (16×16)+1 个。有时候为了提取图像中的不同特征，我们可能会使用多个卷积核，假设这里使用了 100 个大小为 16×16 的卷积核，则输入层到第一层隐藏层的参数个数也仅为 100×(16×16)+1，这依然远远少于全连接神经网络的参数个数。

从图 4-12 所示的例子中，我们可以看到卷积神经网络的两个重要特性。

- **局部连接**：在全连接神经网络中，第 k+1 层的每一个神经元和第 k 层的每一个神经元都有连接。而在卷积神经网络中，第 k+1 层的每一个神经元都只和第 k 层的部分神经元有连接，而这个"部分"有多大，则具体取决于卷积核的大小。

- **权值共享**：在卷积神经网络中，同一隐藏层的每一个神经元所使用的卷积核都是相同的，卷积核对同一隐藏层的神经元来说是共享的。

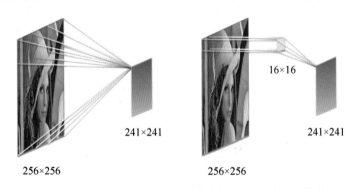

图 4-12　全连接神经网络（左）和卷积神经网络（右）连接数示例

在卷积层中，特征图（Feature Map，又称为特征映射）是输入层的图像（或其他特征图）经过卷积之后得到的特征输出。一个卷积核只负责提取某一类特定的特征，为了充分地提取图像中的信息，我们通常会使用多个卷积核。卷积层的一般性结构可以表示如下：

1. 输入特征映射组：输入特征映射组 $X(X \in \mathbb{R}^{M \times N \times D})$ 是一个三维张量（Tensor），其中每个切片（Slice）矩阵 $X^d(X^d \in \mathbb{R}^{M \times N}, 1 \leqslant d \leqslant D)$ 是一个输入特征映射。每个特征映射的大小

为 $M \times N$，D 是输入特征映射的个数。

2. 输出特征映射组：输出特征映射组 $Y(Y \in \mathbb{R}^{M' \times N' \times P})$ 也是一个三维张量，其中每个切片矩阵 $Y^p(Y^p \in \mathbb{R}^{M' \times N'}, 1 \leq p \leq P)$ 是一个输出特征映射。每个特征映射的大小为 $M' \times N'$，P 是输出特征映射的个数。

3. 卷积核：卷积核 $W(W \in \mathbb{R}^{m \times n \times D \times P})$ 是一个四维张量，其中每个切片矩阵 $W^{p,d}(W^{p,d} \in \mathbb{R}^{m \times n}, 1 \leq p \leq P, 1 \leq d \leq D)$ 是一个二维的卷积核。

为了更直观地理解，我们看如图 4-13 所示的例子。示例中的输入特征映射组有两个特征映射，每个特征映射的大小为 5×5，对应有 $M = 5$，$N = 5$，$D = 2$。输出特征映射组有三个特征映射，每个特征映射的大小为 3×3，对应有 $M' = 3$，$N' = 3$，$P = 3$。卷积核的维度是 $3 \times 3 \times 2 \times 3$，每个二维卷积核的大小为 3×3，对应有 $m = 3$，$n = 3$，$D = 2$，$P = 3$。

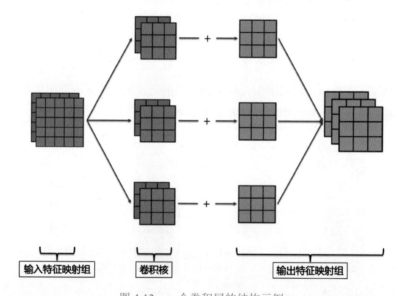

图 4-13　一个卷积层的结构示例

图 4-14 所示是卷积层中从输入特征映射组 X 到输出特征映射组 Y^p 的计算过程示例。卷积核 $W^{p,1}, W^{p,2}, \cdots, W^{p,D}$ 分别对输入的特征映射 $X^1, X^2, \cdots, X^D$ 进行卷积，然后将卷积得到的结果相加，再加上一个偏置 b^p 后得到卷积层的净输入 Z^p，如式 4-1 所示。最后经过一个非线性激活函数后得到输出特征映射 Y^p，如式 4-2 所示，其中函数 $f(\cdot)$ 为非线性激活函数。

$$Z^p = W^p \cdot X + b^p = \sum_{d=1}^{D} W^{p,d} \cdot X^d + b^p \qquad \text{（式 4-1）}$$

$$Y^p = f(Z^p) \qquad\qquad\text{（式 4-2）}$$

在图 4-14 所示的例子中，每一个输入特征映射都需要 P 个卷积核和一个偏置。假设每个二维卷积核的大小为 $m{\times}n$，那么该层卷积层共需要的参数个数为 $(m{\times}n){\times}P{\times}D+P$。

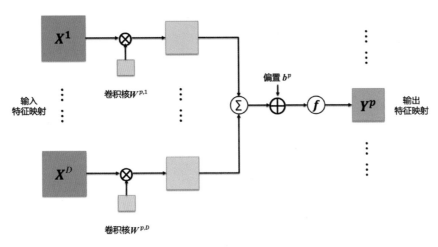

图 4-14　卷积层中计算过程示例

4.3　池化层

池化层（Pooling Layer）也称为子采样层（Subsampling Layer），一般都紧跟在卷积层之后，它的作用是进行特征选择，减少特征的数量，进而减少网络参数的数量。

对于一个特征映射，我们可以将其划分为多个区域（这些区域可以有重合部分），池化就是对这些划分后的区域进行下采样（Down Sampling），然后得到一个值，并将这个值作为该区域的概括。池化层的方式有多种，一般常用的有最大池化（Maximum Pooling）和平均池化（Mean Pooling）。

- **最大池化**：选取区域内的最大值的神经元作为该区域的概括。
- **平均池化**：选取区域内所有神经元的均值作为该区域的概括。

图 4-15 所示的是一个最大池化和均值池化的示例，这里将一个特征映射划分 4 个区域，即池化窗口的大小为 2×2，步长为 2。

目前在大多数卷积神经网络中，池化层仅包含下采样操作，没有需要训练的参数。但在一些早期的卷积网络中，会在池化层中使用一个非线性激活函数，例如后面会介绍的 LeNet-5。现在，池化层的作用已经越来越小，通过增加卷积的步长也可以达到池化层同样的效果。因此目前在一些比较新的卷积神经网络中，池化层出现的频率已经越来越低。

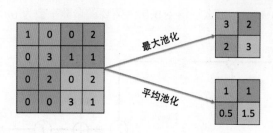

图 4-15　最大池化和平均池化示例

4.4　小试牛刀：CNN 实现图像分类

前面介绍了卷积神经网络的基本结构和原理，在这一节里将使用 TensorFlow 搭建一个简单的卷积神经网络，实现图像分类。

这里我们要解决的任务是来自于 Kaggle 上的一道赛题：在加拿大的东海岸经常会有漂流的冰山，对航行在该海域的船舶造成了很大的威胁。挪威国家石油公司（Statoil）是一家在全球运营的国际能源公司，该公司曾与 C-CORE 等公司合作，C-CORE 基于其卫星数据和计算机视觉技术建立了一个监控系统。Statoil 发布该赛题的目的是希望利用机器学习的技术，更准确地及早发现和识别出威胁船舶航行的冰山。

1. 数据介绍

赛题提供了两个数据文件"train.json"和"test.json"，其中"test.json"是比赛中用来对模型进行评分的，没有类标，这里我们只需要使用"train.json"文件。该数据集中有 1604 个打标过的训练数据，单个样本的数据格式如表 4-1 所示。

表 4-1　单个样本的数据格式

字段名	字段说明
id	图像的 id
band_1,band_2	卫星图像数据，band_1 和 band_2 是以特定入射角下不同极化方式产生的雷达后向散射为特征的信号，分别对应 HH（水平发射 / 水平接收）和 HV（水平发射 / 垂直接收）两种极化方式的数据，其大小均为 75×75
inc_angle	获得该数据时的入射角度。该字段部分缺少数据，标记为"na"
is_iceberg	类标，0 代表船只，1 代表冰山

我们将数据可视化后进行观察，如图 4-16 所示。图像上方是冰山图像的可视化效果，三幅图分别对应"HH"极化方式、"HV"极化方式，以及两者结合后的数据。图像下方是船只图像的可视化效果。

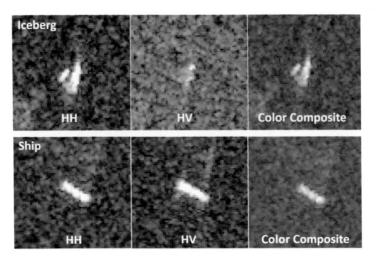

图 4-16　训练数据可视化效果（易观察）

图 4-16 中的冰山和船只，通过观察可以较为容易地区分出来，但是还有很多如图 4-17 所示的数据，即使仔细观察也很难区分开来。

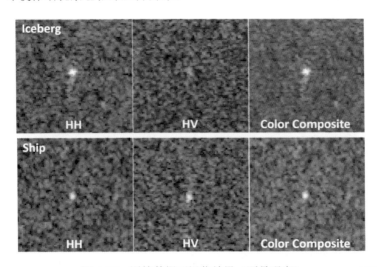

图 4-17　训练数据可视化效果（不易观察）

2. 数据预处理

首先导入需要的包：

```
1  import numpy as np
2  import pandas as pd
3  import tensorflow as tf
4  from tensorflow.keras import layers
```

接下来定义一个数据预处理的函数：

```
5   def data_preprocess(path, more_data):
6       # 读取数据
7       data_frame = pd.read_json(path)
8
9       # 获取图像数据
10      images = []
11      for _, row in data_frame.iterrows():
12          # 将一维数据转换为 75x75 的二维数据
13          band_1 = np.array(row['band_1']).reshape(75, 75)
14          band_2 = np.array(row['band_2']).reshape(75, 75)
15          band_3 = band_1 + band_2
16
17          images.append(np.dstack((band_1, band_2, band_3)))
18      if more_data:
19          # 扩充数据集
20          images = create_more_data(np.array(images))
21
22      # 获取类标
23      labels = np.array(data_frame['is_iceberg'])
24      if more_data:
25          # 扩充数据集后，类标也需要相应扩充
26          labels = np.concatenate((labels, labels, labels, labels,
                labels, labels))
27
28      return np.array(images), labels
```

"data_preprocess" 函数接收两个参数："path" 为训练数据 "train.json" 的文件路径；"more_data" 为布尔类型，当其为 True 时，会调用函数 "create_more_data" 进行训练数据的扩充（即数据增强）。

第 11 行到第 17 行代码对样本数据进行处理，除了原有的"band_1"和"band_2"，我们增加了"band_3"，band_3=band_1+band_2。最后使用 NumPy 的"dstack"函数将三种数据进行堆叠，因此我们单个样本的数据维度为 75×75×3。

第 20 行代码调用"create_more_data"函数对训练数据进行扩充，第 26 行代码对训练集的类标数据进行扩充，因为"create_more_data"函数将训练数据扩充为了原来的 6 倍，所以这里也要对应地将类标扩充为原来的 6 倍。

"create_more_data"函数的实现如下：

```
29 def create_more_data(images):
30     # 通过旋转、翻转扩充数据
31     image_rot90 = []
32     image_rot180 = []
33     image_rot270 = []
34     img_lr = []
35     img_ud = []
```

在"create_more_data"函数中，我们通过对图片进行旋转和翻转来扩充数据集，虽然旋转前后的图片是同一张，但是由于特征的位置发生了变化，因此对于模型来说就是不同的数据，旋转或翻转操作是扩充图像数据集的一个简单有效的方法。在第 31 行至第 35 行代码中，定义了 5 个列表，用来保存扩充的数据集，对应的操作分别是逆时针旋转 90°、逆时针旋转 180°、逆时针旋转 270°、左右翻转和上下翻转。具体实现如下：

```
36     for i in range(0, images.shape[0]):
37         band_1 = images[i, :, :, 0]
38         band_2 = images[i, :, :, 1]
39         band_3 = images[i, :, :, 2]
40
41         # 旋转 90°
42         band_1_rot90 = np.rot90(band_1)
43         band_2_rot90 = np.rot90(band_2)
44         band_3_rot90 = np.rot90(band_3)
45         image_rot90.append(np.dstack((band_1_rot90,
46                                   band_2_rot90, band_3_rot90)))
47
48         # 旋转 180°
49         band_1_rot180 = np.rot90(band_1_rot90)
50         band_2_rot180 = np.rot90(band_2_rot90)
```

```
51      band_3_rot180 = np.rot90(band_3_rot90)
52      image_rot180.append(np.dstack((band_1_rot180,
53                              band_2_rot180, band_3_rot180)))
54
55      # 旋转270°
56      band_1_rot270 = np.rot90(band_1_rot180)
57      band_2_rot270 = np.rot90(band_2_rot180)
58      band_3_rot270 = np.rot90(band_3_rot180)
59      image_rot270.append(np.dstack((band_1_rot270,
60                              band_2_rot270, band_3_rot270)))
61
62      # 左右翻转
63      lr1 = np.flip(band_1, 0)
64      lr2 = np.flip(band_2, 0)
65      lr3 = np.flip(band_3, 0)
66      img_lr.append(np.dstack((lr1, lr2, lr3)))
67
68      # 上下翻转
69      ud1 = np.flip(band_1, 1)
70      ud2 = np.flip(band_2, 1)
71      ud3 = np.flip(band_3, 1)
72      img_ud.append(np.dstack((ud1, ud2, ud3)))
```

上面的代码中，我们使用 NumPy 的"rot90"和"flip"函数对图片进行旋转和翻转操作。"flip"函数的第二个参数控制翻转的方式，"0"为左右翻转，"1"为上下翻转。第 78 行代码使用 NumPy 的"concatenate"函数将扩充的数据与原数据进行拼接。

```
73      rot90 = np.array(image_rot90)
74      rot180 = np.array(image_rot180)
75      rot270 = np.array(image_rot270)
76      lr = np.array(img_lr)
77      ud = np.array(img_ud)
78      images = np.concatenate((images, rot90, rot180, rot270, lr, ud))
79
80  return images
```

3. 模型搭建

接下来使用 TensorFlow 的高级 API 来搭建模型。

```
81  # 定义模型
82  def get_model():
83      # 建立一个序贯模型
84      model = tf.keras.Sequential()
85
86      # 第一个卷积块
87      model.add(layers.Conv2D(128, kernel_size=(3, 3), activation='relu',
88                              input_shape=(75, 75, 3)))
89      model.add(layers.MaxPooling2D(pool_size=(3, 3), strides=(2, 2)))
90      model.add(layers.Dropout(0.2))
91
92      # 第二个卷积块
93      model.add(layers.Conv2D(128, kernel_size=(3, 3), activation='relu'))
94      model.add(layers.MaxPooling2D(pool_size=(2, 2), strides=(2, 2)))
95      model.add(layers.Dropout(0.2))
96
97      # 第三个卷积块
98      model.add(layers.Conv2D(64, kernel_size=(2, 2), activation='relu'))
99      model.add(layers.MaxPooling2D(pool_size=(3, 3), strides=(2, 2)))
100     model.add(layers.Dropout(0.2))
101
102     # 第四个卷积块
103     model.add(layers.Conv2D(64, kernel_size=(2, 2), activation='relu'))
104     model.add(layers.MaxPooling2D(pool_size=(2, 2), strides=(2, 2)))
105     model.add(layers.Dropout(0.2))
106
107     # 将上一层的输出特征映射转化为一维数据，以便进行全连接操作
108
109     model.add(layers.Flatten())
110
111     # 第一个全连接层
112     model.add(layers.Dense(256))
113     model.add(layers.Activation('relu'))
114     model.add(layers.Dropout(0.2))
115
116     # 第二个全连接层
117     model.add(layers.Dense(128))
118     model.add(layers.Activation('relu'))
```

```
119     model.add(layers.Dropout(0.2))
120
121     # 第三个全连接层
122     model.add(layers.Dense(1))
123     model.add(layers.Activation('sigmoid'))
124
125     # 编译模型
126     model.compile(loss='binary_crossentropy',
127                   optimizer=tf.keras.optimizers.Adam(0.0001),
128                   metrics=['accuracy'])
129     # 打印出模型的概况信息
130     model.summary()
131
132     return model
```

在第 84 行代码中，使用“tf.keras.Sequential()”创建一个序贯模型，序贯模型是多个网络层的线性堆叠，使用“tf.keras.Sequential().add()”方法逐层添加网络结构。第 87 行到第 90 行代码是第一个卷积块，这里使用了 128 个大小为 3×3 的卷积核，以 ReLU 为激活函数。在卷积层后面是一个池化层，采用最大池化，池化窗口的大小为 3×3，横向和纵向的步长都为 2。在池化层的后面进行 Dropout 操作，丢弃了 20% 的神经元，防止参数过多导致过拟合。接下来是三个类似的卷积块。

第 109 行代码使用“Flatten()”将前一层网络的输出转换为了一维的数据，这是为接下来的全连接操作做准备。第 112 行代码是第一个全连接层，有 256 个神经元，全连接层后面接 ReLU 激活函数，同样进行 Dropout 操作。第 117 行至第 119 行代码是类似的全连接层部分。

由于是二分类问题，第 122 行至第 123 行代码使用了一个只有一个神经元的全连接层，并使用了 Sigmoid 激活函数，得到最终的输出。

第 126 行至第 128 行代码使用“compile”编译模型，其中“loss='binary_crossentropy'”指明使用的是对数损失函数，通过“optimizers”参数设置使用 Adam 优化器，设置学习率为 0.0001。“metrics”列表包含评估模型在训练和测试时的性能指标，这里设置了“metrics=['accuracy']”，则在训练的过程中，训练集和验证集上的准确率都会打印出来。

第 130 行代码使用了“summary()”函数，训练开始后终端会打印出模型的概况信息，如图 4-18 所示，其中包含了网络的结构，以及每层的参数数量等信息，最后一行显示出，总的训练数据为 7699 条，验证集的数据量为 1925 条。

```
Layer (type)                    Output Shape          Param #
=================================================================
conv2d (Conv2D)                 (None, 73, 73, 128)   3584

max_pooling2d (MaxPooling2D)    (None, 36, 36, 128)   0

dropout (Dropout)               (None, 36, 36, 128)   0

conv2d_1 (Conv2D)               (None, 34, 34, 128)   147584

max_pooling2d_1 (MaxPooling2     (None, 17, 17, 128)   0

dropout_1 (Dropout)             (None, 17, 17, 128)   0

conv2d_2 (Conv2D)               (None, 16, 16, 64)    32832

max_pooling2d_2 (MaxPooling2     (None, 7, 7, 64)      0

dropout_2 (Dropout)             (None, 7, 7, 64)      0

conv2d_3 (Conv2D)               (None, 6, 6, 64)      16448

max_pooling2d_3 (MaxPooling2     (None, 3, 3, 64)      0

dropout_3 (Dropout)             (None, 3, 3, 64)      0

flatten (Flatten)               (None, 576)           0

dense (Dense)                   (None, 256)           147712

activation (Activation)         (None, 256)           0

dropout_4 (Dropout)             (None, 256)           0

dense_1 (Dense)                 (None, 128)           32896

activation_1 (Activation)       (None, 128)           0

dropout_5 (Dropout)             (None, 128)           0

dense_2 (Dense)                 (None, 1)             129

activation_2 (Activation)       (None, 1)             0
=================================================================
Total params: 381,185
Trainable params: 381,185
Non-trainable params: 0

Train on 7699 samples, validate on 1925 samples
```

图 4-18　模型的概况信息

4. 结果分析

接下来读取数据，并训练模型：

```
133 # 数据预处理
134 train_x, train_y = data_preprocess('./data/train.json', more_data=True)
135
136 # 初始化模型
137 cnn_model = get_model()
138
139 # 模型训练
140 cnn_model.fit(train_x, train_y, batch_size=25,
141              epochs=100, verbose=1, validation_split=0.2)
```

第 134 行代码调用"data_preprocess"函数获取预处理后的训练数据,将"more_data"设置为"True"进行数据扩充。第 140 行代码调用"fit"方法开始模型的训练,通过"batch_size"设置每个批次训练 25 条数据,通过"epochs"设置训练的总回合数为"100"。通过设置"verbose"为"1",在终端上显示训练的进度。通过设置"validation_split"为"0.2",将训练集一分为二,其中 80% 作为训练集,20% 作为验证集。

模型的训练过程和结果如图 4-19 所示。

```
Epoch 1/100
7699/7699 [==============================] - 94s 12ms/step - loss: 0.9579 - acc: 0.5181 - val_loss: 0.6569 - val_acc: 0.5439
Epoch 2/100
7699/7699 [==============================] - 93s 12ms/step - loss: 0.6188 - acc: 0.6141 - val_loss: 0.5616 - val_acc: 0.6618
Epoch 3/100
7699/7699 [==============================] - 93s 12ms/step - loss: 0.5568 - acc: 0.6685 - val_loss: 0.5290 - val_acc: 0.7309
Epoch 4/100
7699/7699 [==============================] - 93s 12ms/step - loss: 0.5179 - acc: 0.7322 - val_loss: 0.4908 - val_acc: 0.7558
Epoch 5/100
7699/7699 [==============================] - 93s 12ms/step - loss: 0.4748 - acc: 0.7672 - val_loss: 0.4724 - val_acc: 0.7652
Epoch 6/100
7699/7699 [==============================] - 93s 12ms/step - loss: 0.4396 - acc: 0.7921 - val_loss: 0.4367 - val_acc: 0.8005
......
......
......
Epoch 97/100
7699/7699 [==============================] - 96s 12ms/step - loss: 0.1043 - acc: 0.9577 - val_loss: 0.1581 - val_acc: 0.9371
Epoch 98/100
7699/7699 [==============================] - 96s 12ms/step - loss: 0.1005 - acc: 0.9583 - val_loss: 0.1858 - val_acc: 0.9236
Epoch 99/100
7699/7699 [==============================] - 96s 13ms/step - loss: 0.1086 - acc: 0.9562 - val_loss: 0.1686 - val_acc: 0.9382
Epoch 100/100
7699/7699 [==============================] - 96s 13ms/step - loss: 0.0971 - acc: 0.9603 - val_loss: 0.1641 - val_acc: 0.9351
```

图 4-19   模型的训练过程和结果

4.5   本章小结

本章介绍了卷积神经网络的基本结构和原理,以及如何使用 TensorFlow 来实现简单的卷积神经网络。在下一章里会介绍循环神经网络。

4.6   本章练习

1. 请阅读几篇经典的卷积神经网络模型相关的论文(可从本书 GitHub 项目中给出的论文中挑选)。

2. 尝试复现 VGG 模型。

3. 尝试复现 GoogleNet 和 Inception 系列的模型。

4. 尝试复现 ResNet 模型。

第 5 章　循环神经网络

本章内容

◎ 简单结构的循环神经网络

◎ 门控循环神经网络

◎ TensorFlow 实现循环神经网络

◎ 循环神经网络的相关应用

◎ 注意力模型

前馈神经网络不考虑数据在时序上的关联性，网络的输出只和当前时刻网络的输入相关。然而我们发现实际上存在着很多类型的序列数据，例如文本、语音及视频等。这些序列数据往往都具有在时序上的关联性，即某一时刻网络的输出除了与当前时刻的输入相关，还与之前某一时刻或某几个时刻的输出相关。而前馈神经网络并不能处理好这种时序关联性，因为它没有记忆能力，所以前面时刻的输出无法传递到后面的时刻。

此外，我们在做语音识别或机器翻译的时候，输入和输出的数据都是不定长的，而前馈神经网络的输入和输出的数据格式都是固定的，无法改变。因此，需要有一种能力更强的模型来解决这些问题。

在过去的几年里，循环神经网络的实力已经得到了很好的证明。在许多序列问题中，例如文本处理、语音识别及机器翻译等，循环神经网络都取得了显著的成绩。循环神经网络也越来越多地被应用到各个领域。

在本章中，我们将会从最简单的循环神经网络开始介绍，通过实例掌握循环神经网络是如何解决序列化数据的，以及循环神经网络前向计算和参数优化的过程及方法。在此基础上，我们还会介绍常用循环神经网络，即双向循环神经网络和多层循环神经网络。我们会使用 TensorFlow 实现循环神经网络，掌握使用 TensorFlow 搭建简单循环神经网络的方法。

此外，我们还会学习一类结构更为复杂的循环神经网络——门控循环神经网络，包括长短期记忆网络（LSTM）和门控制循环单元（GRU），这也是目前最常使用的两种循环神经网络结构。最后我们还会介绍一种注意力模型（Attention-based Model），也是近几年来的研究热点之一。在后面的项目实战中，我们会用注意力模型以及前面提到的 LSTM 等模型解决一些实际的问题。

本章知识结构图

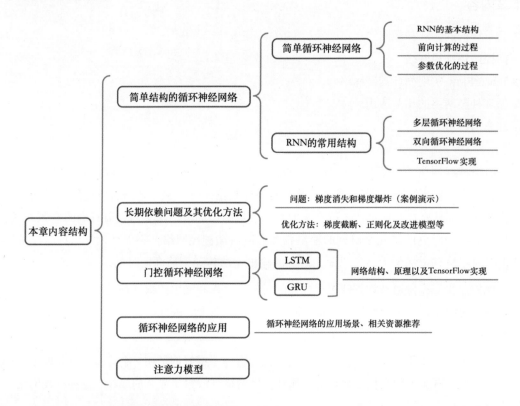

5.1　简单循环神经网络

简单循环网络（Simple Recurrent Networks，SRN）又称为 Elman Network，是由杰夫·埃尔曼（Jeff Elman）在 1990 年提出来的。埃尔曼在 Jordan Network 的基础上进行了创新，并且简化了它的结构，最终提出了 Elman Network。Jordan Network 和 Elman Network 的网络结构如图 5-1 所示。

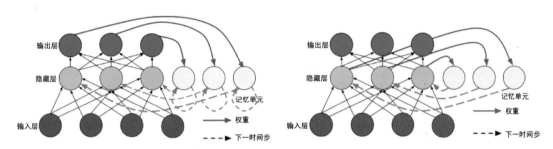

图 5-1　Jordan Network（左）和 Elman Network（右）

从图 5-1 中可以很直观地看出，两种网络结构最主要的区别在于记忆单元中保存的内容不同。Jordan Network 的记忆单元中保存的是整个网络的最终输出，而 Elman Nnetwork 的记忆单元只保存中间的循环层，所以如果是基于 Elman Network 的深层循环神经网络，那么每一个循环的中间层都会有一个相应的记忆单元。

Jordan Network 和 Elman Network 都可以扩展应用到深度学习中，但由于 Elman Network 的结构更易于扩展（Elman Network 的每一个循环层都是相互独立的，因此网络结构的设计可以更加灵活。另外，当 Jordan Network 的输出层与循环层的维度不一致时还需要额外的调整，而 Elman Network 则不存在该问题），因此当前主流的循环神经网络都是基于 Elman Network 的，例如我们后面会介绍的 LSTM 等。通常我们所说的循环神经网络（RNN），默认指的就是 Elman Network 结构的循环神经网络。本书中所提到的循环神经网络，如果没有特别注明，均指 Elman Network 结构的循环神经网络。

5.1.1　循环神经网络的基本结构

循环神经网络的基本结构如图 5-2 所示（注意：为了清晰，图中没有画出所有的连接线）。

关于循环神经网络的结构有很多种不同的图形化描述，但是其所表达的含义都与图 5-2 一致。将循环神经网络的结构与一般的全连接神经网络比较，我们会发现循环神经网络只是多了一个记忆单元，而这个记忆单元就是循环神经网络的关键所在。

从图 5-2 中我们可以看到，循环神经网络的记忆单元会保存 t 时刻循环层（即图 5-2 中的隐藏层）的状态 S_t，并在 $t+1$ 时刻，将记忆单元的内容和 $t+1$ 时刻的输入 X_{t+1} 一起给到循环层。为了更直观地表示清楚，我们将循环神经网络按时间展开，如图 5-3 所示。

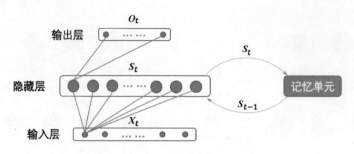

图 5-2　循环神经网络的基本结构

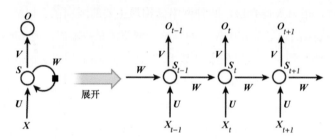

图 5-3　循环神经网络及其按时间展开后的效果图

图 5-3 左边部分是一个简化的循环神经网络示意图，右边部分是将整个网络按时间展开后的效果。在左边部分中，X 是神经网络的输入，U 是输入层到隐藏层之间的权重矩阵，W 是记忆单元到隐藏层之间的权重矩阵，V 是隐藏层到输出层之间的权重矩阵，S 是隐藏层的输出，同时也是要保存到记忆单元中，并与下一时刻的 X 一起作为输入，O 是循环神经网络的输出。

从右边的展开部分可以更清楚地看到，循环神经网络每个时刻隐藏层的输出都会传递给下一时刻，因此每个时刻的网络都会保留一定的来自之前时刻的历史信息，并结合当前时刻的网络状态一并再传给下一时刻。

理论上来说，循环神经网络是可以记忆任意长度序列的信息的，即循环神经网络的记忆单元可以保存此前很长时刻网络的状态，但是我们在实际的使用中发现，循环神经网络的记忆能力总是很有限，它通常只能记住最近几个时刻的网络状态，后面会具体讨论这个问题。

5.1.2　循环神经网络的运算过程和参数更新

1. 循环神经网络的前向运算

在一个全连接的循环神经网络中，假设隐藏层只有一层，神经网络在时刻 t 接收一个输

入 X_t，则隐藏层的输出为

$$h_t = f(Uh_{t-1} + WX_t + b_1) \qquad\qquad (式 5\text{-}1)$$

上式中，函数 $f(\bullet)$ 是隐藏层的激活函数，在 TensorFlow 中默认是 Tanh 函数。参数 U 和 W 在前面介绍过，分别是输入层到隐藏层之间的权重矩阵和记忆单元到隐藏层之间的权重矩阵，参数 b_1 是偏置项。在神经网络刚开始训练的时候，记忆单元中没有上一个时刻的网络状态，这时候 h_{t-1} 就是一个初始值。

在得到隐藏层的输出后，神经网络的输出为

$$y_t = g(Vh_t + b_2) \qquad\qquad (式 5\text{-}2)$$

上式中，函数 $g(\bullet)$ 是输出层的激活函数，当我们在做分类问题的时候，函数 $g(\bullet)$ 通常选为 Softmax 函数。参数 V 是隐藏层到输出层的参数矩阵，参数 b_2 是偏置项。

我们先看看 TensorFlow 源码中关于 RNN 隐藏层部分的计算。在 rnn_cell_impl.py 文件中定义了一个抽象类 RNNCell，实现 RNN 的其他类都会继承这个类，例如 BasicRNNCell、BasicLSTMCell 及 GRUCell 等。以 BasicRNNCell 类为例，所有继承了 RNNCell 的类都需要实现一个"call"方法，BasicRNNCell 类中"call"方法的实现如下：

```
1 def call(self, inputs, state):
2     """Most basic RNN: output = new_state
3                       = act(W * input + U * state + B)."""
4     gate_inputs = math_ops.matmul(
5         array_ops.concat([inputs, state], 1), self._kernel)
6     gate_inputs = nn_ops.bias_add(gate_inputs, self._bias)
7     output = self._activation(gate_inputs)
8     return output, output
```

从上面的 TensorFlow 源码里可以看到，TensorFlow 隐藏层的计算结果即该层的输出，同时也作为当前时刻的状态，作为下一时刻的输入。第 2、3 行的注释说明了"call"方法的功能：output = new_state=act(W*input+U*state+B)，其实就是实现了我们前面给出的公式 5.1。第 5 行代码中的"self._kernel"是权重矩阵，第 6 行代码中的"self._bias"是偏置项。

这里有一个地方需要注意一下，这段代码在实现 W*input+U*state+B 时，没有分别计算 W*input 和 U*state，然后再相加，而是先用"concat"方法，将前一时刻的状态"state"和当前的输入"inputs"进行拼接，然后用拼接后的矩阵和拼接后的权重矩阵相乘。可能有些读者刚开始看到的时候不太能理解，其实效果是一样的，看下面这个例子：

有四个矩阵：*a*、*b*、*c* 和 *d*，如下所示。

$$a = \begin{bmatrix} 1 & 2 \end{bmatrix}, b = \begin{bmatrix} 3 & 4 \end{bmatrix}, c = \begin{bmatrix} 1 & 2 \\ 2 & 3 \end{bmatrix}, d = \begin{bmatrix} 2 & 3 \\ 1 & 4 \end{bmatrix}$$

假设我们想要计算 *a*×*c* + *b*×*d*，则有：

$$a \times c + b \times d = \begin{bmatrix} 1\times1+2\times2 & 1\times2+2\times3 \end{bmatrix} + \begin{bmatrix} 3\times2+4\times1 & 3\times3+4\times4 \end{bmatrix}$$
$$= \begin{bmatrix} 1\times1+2\times2+3\times2+4\times1 & 1\times2+2\times3+3\times3+4\times4 \end{bmatrix}$$

如果把矩阵 *a* 和 *b*、*c* 和 *d* 先分别拼接到一起，则得到如下 *e* 和 *f* 两个矩阵：

$$e = \begin{bmatrix} a & b \end{bmatrix} = \begin{bmatrix} 1 & 2 & 3 & 4 \end{bmatrix}, f = \begin{bmatrix} c \\ d \end{bmatrix} = \begin{bmatrix} 1 & 2 \\ 2 & 3 \\ 2 & 3 \\ 1 & 4 \end{bmatrix}$$

再来计算 *e* × *f*，会得到同样的结果：

$$e \times f = \begin{bmatrix} 1\times1+2\times2+3\times2+4\times1 & 1\times2+2\times3+3\times3+4\times4 \end{bmatrix}$$

下面用代码实现循环神经网络中完整的前向计算过程。

```
1  import numpy as np
2
3  # 输入数据，总共三个时间步 (Time Step)
4  dataset = np.array([[1, 2], [2, 3], [3, 4]])
5
6  # 初始化相关参数
7  state = [0.0, 0.0]              # 记忆单元
8
9  np.random.seed(2)              # 给定随机数种子，每次产生相同的随机数
10 W_h = np.random.rand(4, 2)    # 隐藏层权重矩阵
11 b_h = np.random.rand(2)       # 隐藏层偏置项
12
13 np.random.seed(3)
14 W_o = np.random.rand(2)       # 输出层权重矩阵
15 b_o = np.random.rand()        # 输出层偏置项
16
17 for i in range(len(dataset)):
```

```
18      # 将前一时刻的状态和当前的输入拼接
19      value = np.append(state, dataset[i])
20
21      # 隐藏层
22      h_in = np.dot(value, W_h) + b_h      # 隐藏层的输入
23      h_out = np.tanh(h_in)                # 隐藏层的输出
24      state = h_out                        # 保存当前状态
25
26      # 输出层
27      y_in = np.dot(h_out, W_o) + b_o      # 输出层的输入
28      y_out = np.tanh(y_in)                # 输出层的输出（即最终神经网络的输出）
29
30      print(y_out)
```

上面代码里所使用的 RNN 网络结构如图 5-4 所示。

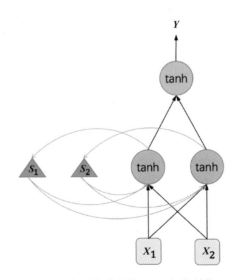

图 5-4　代码中使用的 RNN 网络结构

此 RNN 结构的输入层有两个单元，隐藏层有两个神经元，输出层有一个神经元，所有的激活函数均为 tanh 函数。在第 4 行代码中我们定义了输入数据，总共三个时间步，每个时间步处理一个输入。程序运行过程中各个参数及输入和输出的值如表 5-1 所示（读者可以使用表 5-1 的数据验算一遍 RNN 的前向运算，以加深印象）：

表 5-1　简单循环神经网络实现程序参数表

位置	参数 / 输入 / 输出	时间步 1	时间步 2	时间步 3
输入层	输入	[1.0, 2.0]	[2.0, 3.0]	[3.0, 4.0]
隐藏层	记忆单元	[0.0, 0.0]	[0.81078632 0.95038109]	[0.98966769 0.99681261]
	权重矩阵		[[0.4359949 0.02592623] [0.54966248 0.43532239] [0.4203678 0.33033482] [0.20464863 0.61927097]]	
	偏置项		[0.29965467 0.26682728]	
	隐藏层的输入	[1.12931974 1.83570403]	[2.63022371 3.22005262]	[3.35875317 4.19450881]
	隐藏层的输出	[0.81078632 0.95038109]	[0.98966769 0.99681261]	[0.99758382 0.9995454]
	更新后的记忆单元	[0.81078632 0.95038109]	[0.98966769 0.99681261]	[0.99758382 0.9995454]
输出层	权重矩阵		[0.5507979 0.70814782]	
	偏置项		0.2909047389129443	
	输出层的输入	1.41049444174	1.54190230860	1.54819771552
	输出层的输出	0.88759908355	0.91243947228	0.91348763002

2. RNN 的参数更新

循环神经网络中参数的更新主要有两种方法：随时间反向传播（BackPropagation Through Time，BPTT）和实时循环学习（Real-Time Recurrent Learning，RTRL）。这两种算法均基于梯度下降，不同的是，BPTT 算法是通过反向传播的方式来更新梯度的，而 RTRL 算法则是使用前向传播的方式来更新梯度的。目前，在 RNN 的训练中，BPTT 算法是最常用的参数更新的算法。

BPTT 算法和我们在前馈神经网络上使用的 BP 算法在本质上没有任何区别，只是 RNN 中的参数存在时间上的共享，因此在求 RNN 中的参数梯度的时候，存在沿着时间的反向传播。RNN 中参数的梯度是按时间展开后各级参数梯度的总和。

5.2　常用循环神经网络

前面介绍了简单循环神经网络，下面介绍常用循环神经网络。

5.2.1　多层循环神经网络

多层循环神经网络是由多个循环神经网络层堆叠而成的，如图 5-5 所示，每个神经元的状态除了传递到下一个时间步，还会传递给下一层的神经元（最后一层除外）。

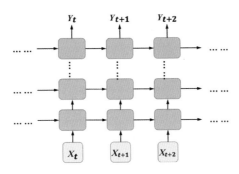

图 5-5　多层循环神经网络结构

多层循环神经网络按时间展开后，每一层的参数和基本的循环神经网络结构一样，参数共享，而不同层的参数则一般不会共享（类比 CNN 网络结构）。和基本结构的循环神经网络相比，多层循环神经网络的泛化能力更强，不过随着网络层数的增加，训练的时间复杂度和空间复杂度也更高，过拟合的风险也更大。

5.2.2　双向循环神经网络

无论是简单循环神经网络还是深度循环神经网络，网络中的状态都是随着时间向后传播的，然而现实中的许多问题，并不都是这种单向的时序关系。例如在做词性标注的时候，我们只有结合这个词前后相邻的几个词才能对该词的词性做出判断，双向循环神经网络（如图 5-6 所示）就适用于这种情况。

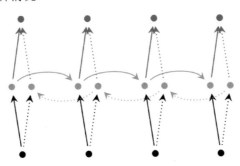

图 5-6　双向循环神经网络结构

双向循环神经网络可以简单地看成两个单向循环神经网络的叠加，按时间展开后，一个是从左到右，一个是从右到左。双向循环神经网络的计算与单向的循环神经网络类似，只不过每个时刻的输出是由上下两个循环神经网络的输出共同决定的。双向循环神经网络也可以在深度上进行叠加，如图 5-7 所示。

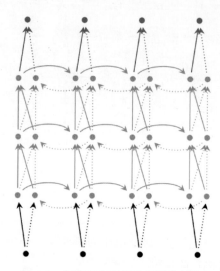

图 5-7　深度双向循环神经网络结构

5.2.3　TensorFlow 实现循环神经网络

这一节使用 TensorFlow 实现一个简单的循环神经网络，对航班人数进行预测。所使用的数据来自 DataMarket。该数据集包含了从 1949 年到 1960 年共 144 个月的乘客总人数的数据，每个月的乘客人数是一条记录，共 144 条记录。其中部分数据显示如表 5-2 所示。

表 5-2　部分数据

时间	乘客人数 / 千人
"1949-01"	112
"1949-02"	118
"1949-03"	132
"1949-04"	129
"1949-05"	121

我们将所有数据可视化显示，如图 5-8 所示。

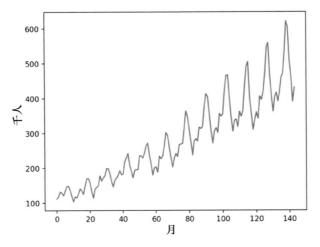

图 5-8 数据可视化效果图

首先导入需要的包：

```
1   import numpy
2   from pandas import read_csv
3   import tensorflow as tf
4   from sklearn.preprocessing import MinMaxScaler
5   import matplotlib.pyplot as plt
6
7   global dataset
8   global scaler
```

第 7 行和第 8 行代码定义了两个全局变量，"dataset"是我们要用到的数据集，"scaler"是一个对数据进行归一化处理的对象。接下来先实现数据的读取及相应的预处理：

```
9   def get_data(look_back):
10      """
11      获取训练和测试数据
12      """
13      global dataset
14      global scaler
15
16      # 读取数据
17      data_frame = read_csv('international-airline-passengers.csv',
```

```
18                        usecols=[1], engine='python', skipfooter=3)
19      dataset = data_frame.values
20      dataset = dataset.astype('float32')
21
22      # 对数据进行归一化处理
23      scaler = MinMaxScaler(feature_range=(0, 1))
24      dataset = scaler.fit_transform(dataset)
25
26      # 划分训练集与验证集，将70%的原始数据作为训练数据，剩下的30%作为测试数据
27
28      train_size = int(len(dataset) * 0.70)
29      train_data, test_data = dataset[0:train_size, :], dataset[train_
                                        size:len(dataset), :]
30
31      # 生成训练和测试数据
32      train_data_x, train_data_y = create_dataset(train_data, look_back)
33      test_data_x, test_data_y = create_dataset(test_data, look_back)
34
35      # 对数据进行 Reshape 操作，以便输入 RNN 模型中
36      train_data_x = numpy.reshape(train_data_x, (train_data_x.shape[0],
37                                        1, train_data_x.shape[1]))
38      test_data_x = numpy.reshape(test_data_x, (test_data_x.shape[0],
39                                        1, test_data_x.shape[1]))
40
41      return train_data_x, train_data_y, test_data_x, test_data_y
```

这里我们定义了一个" get_data"方法用来读取和预处理数据。我们对数据进行了归一化处理，然后将其分为训练集和验证集两部分，训练集和验证集的比例为 7 ：3。在第 32 行和第 33 行代码中，我们调用了一个" create_dataset"方法来生成最终的训练和测试数据。因为循环神经网络的输入是序列数据，所以我们需要在原始数据的基础上构建序列化的训练数据及相应的类标。为了让数据满足循环神经网络模型对数据格式的要求，在第 36 行到第 38 行代码中我们对生成的数据进行了 Reshape 操作。" numpy.reshape"方法有两个参数：第一个参数是要进行 Reshape 操作的原始数据，第二个参数是执行 Reshape 操作之后的维度和大小。

" create_dataset"方法的实现如下：

```
42 def create_dataset(dataset, look_back):
43     """
44     构造数据的特征列和类标
45     """
46     data_x, data_y = [], []
47     for i in range(len(dataset) - look_back):
48         a = dataset[i:(i + look_back), 0]
49         data_x.append(a)
50         data_y.append(dataset[i + look_back, 0])
51     return numpy.array(data_x), numpy.array(data_y)
```

循环神经网络是根据历史数据来预测当前数据的。例如这里原始数据为"112，118，132，129，121，135"，假设将"look_back"的值设为2(即根据前两个数据来预测当前的数据)，那么构造的训练集如表5-3所示。

表 5-3　训练集

特征列	类标	特征列	类标
112，118	132	132，129	121
118，132	129	129，121	135

接下来实现模型部分：

```
52     def get_model(train_data_x, train_data_y, look_back):
53     # 构建一个简单的 RNN 模型
54     rnn_model = tf.keras.Sequential()
55     rnn_model.add(tf.keras.layers.SimpleRNN(4, input_shape=(1, look_back)))
56     rnn_model.add(tf.keras.layers.Dense(1))
57
58     # 编译、训练模型
59     rnn_model.compile(loss='mean_squared_error', optimizer='adam')
60     rnn_model.fit(train_data_x, train_data_y, epochs=100, batch_size=5,
                       verbose=1)
61
62     return rnn_model
```

第 55 行代码中我们添加了一个简单的循环神经网络层，该层只有 4 个神经元。第 56 行添加了一个全连接层，最后编译和训练这个模型，并返回训练好的模型。

为了将预测的结果和原始数据进行对比，我们定义一个"show_data"方法，用来可视化模型预测的结果：

```
63 def show_data(predict_train_data, predict_test_data, look_back):
64     global dataset
65     global scaler
66
67     # 由于预测的值是标准化后的值，因此需要进行还原
68     predict_train_data = scaler.inverse_transform(predict_train_data)
69     predict_test_data = scaler.inverse_transform(predict_test_data)
70
71     # 训练数据的预测
72     predict_train_data_plot = numpy.empty_like(dataset)
73     predict_train_data_plot[:, :] = numpy.nan
74     predict_train_data_plot[look_back:len(predict_train_data)
75                     + look_back, :] = predict_train_data
76
77     # 测试数据的预测
78     predict_test_data_plot = numpy.empty_like(dataset)
79     predict_test_data_plot[:, :] = numpy.nan
80     predict_test_data_plot[len(predict_train_data)
81                 + look_back:len(dataset)-1, :] = predict_test_data
82
83     # 绘制数据
84     plt.plot(scaler.inverse_transform(dataset), color='blue', label='Raw
                data')
85     plt.plot(predict_train_data_plot, color='red', label='Train data')
86     plt.plot(predict_test_data_plot, color='green', label='Test data')
87
88     # 设置标签
89     label = plt.legend(loc='best', ncol=1, fancybox=True)
90     label.get_frame().set_alpha(0.5)
91
92     plt.show()
```

最后训练模型并进行预测：

```
93  look_back = 1
94  # 获取预处理过的数据
95  train_x, train_y, test_x, test_y = get_data(look_back)
96  # 训练模型
97  model = get_model(train_x, train_y, look_back)
98
99  # 使用训练好的模型进行预测
100 predict_train_data = model.predict(train_x)
101 predict_test_data = model.predict(test_x)
102
103 # 可视化预测结果
104 show_data(predict_train_data, predict_test_data, look_back)
```

模型预测结果如图 5-9 所示。

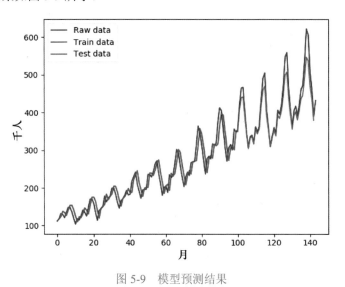

图 5-9 模型预测结果

5.3 长期依赖问题及其优化

1. 长期依赖问题

什么是长期依赖问题？我们知道循环神经网络具有记忆能力，凭着它的记忆能力，能够较好地解决一般的序列问题。这些序列问题的数据内部基本上都存在着一定的依赖性，例如，前面提到的词性标注的问题，以及在演示项目中人工构造的二进制数据。在有些现实问题中，数据间的依赖都是局部的、较短时间间隔的依赖。还是以词性标注为例，判断一个词是动词还是名词，或者是形容词，我们往往只需要看一下这个词前后的两个或多个词就可以做出判断，这种依赖关系在时间上的跨度很小。

如图 5-10 所示，t_4 时刻网络的输出（h_0 到 h_5 是隐藏层的输出）除了与当前时刻的输入 x_4 相关之外，还受到 t_1 和 t_2 时刻网络状态的影响。像这种依赖关系在时间上的跨度较小的情况，RNN 基本可以较好地解决，但如果出现了像图 5-11 所示的依赖情况，就会出现长期依赖问题：梯度消失和梯度爆炸。

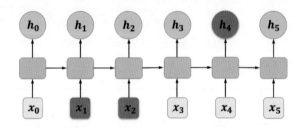

图 5-10　时间跨度较小的依赖关系示意图

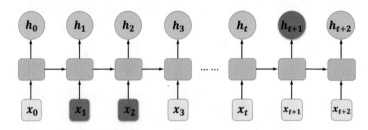

图 5-11　时间跨度较大的依赖关系示意图

什么是梯度消失和梯度爆炸？图 5-12 是一个较为形象的描述，在深层的神经网络中，由于多个权重矩阵的相乘，会出现很多如图 5-12 所示的陡峭区域，当然也有可能会出现很多非常平坦的区域。在这些陡峭的地方，损失函数的倒数非常大，导致最终的梯度也很大，对参数进行更新后可能会导致参数的取值超出有效的取值范围，这种情况称为梯度爆炸。而在那些非常平坦的地方，损失函数的变化很小时，梯度的值也会很小（可能趋近于 0），导致参数的更新非常缓慢，甚至更新的方向都不明确，这种情况称为梯度消失。长期依赖问题会导致循环神经网络没有办法学习到时间跨度较大的依赖关系。

正如上面所说，长期依赖问题普遍存在于层数较深的神经网络之中，不仅存在于循环神经网络中，而且也存在深层的前馈神经网络中。循环神经网络中循环结构的存在，使这一问题尤为突出，而在一般的前馈神经网络中，这一问题其实并不严重。

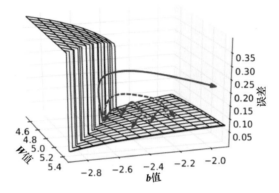

图 5-12　导致梯度爆炸的情况 (图片源自 Pascanu 等人论文 "On the difficulty of training Recurrent Neural Networks")

值得注意的是，前面已经提到过梯度消失的问题，这是由于 Sigmoid 函数在其函数图像两端的倒数趋近于 0，使得在使用 BP 算法进行参数更新的时候会出现梯度趋近于 0 的情况。针对这种情况导致的梯度消失的问题，一种有效的解决方法是使用 ReLU 激活函数。但是由于本节所介绍的梯度消失的问题并不是由激活函数引起的，因此使用 ReLU 激活函数也无法解决问题。下面来看一个简单的例子。

如图 5-13 所示，我们定义一个简化的循环神经网络，该网络中的所有激活函数均为线性的，除在每个时间步上共享的参数 W 以外，其他权重矩阵均设为 1，偏置项均设为 0。假设输入的序列中除 x_0 的值为 1 外，其他输入的值均为 0，则根据公式 5-1 和公式 5-2，可以得到：

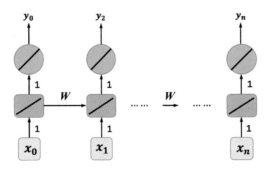

图 5-13　参数 W 在循环神经网络中随时间传递

$$h_0 = 1 \; h_1 = W \; h_2 = W^2 \; \vdots \; h_n = W^n$$

最终可以得到 $y_n = W^n$，神经网络的输出是关于权重矩阵 W 的指数函数。当 W 的值大于 1 时，随着 n 值的增加，神经网络最终输出的值也会呈指数级增长，而当 W 的值小于 1 时，随着 n 值的增加，神经网络最终输出的值则会非常小。这两种结果分别是导致梯度爆炸和梯度消失的根本原因。

从上面的例子可以看到，循环神经网络中梯度消失和梯度爆炸问题产生的根本原因是参数共享。

2. 长期依赖问题的优化

对于梯度爆炸的问题，一般来说比较容易解决，可以用一个比较简单的叫"梯度截断"的方法。"梯度截断"的思路是设定一个阈值，当求得的梯度大于这个阈值的时候，就使用某种方法来进行干涉，从而减小梯度的变化。还有一种方法是给相关的参数添加正则化项，使得梯度处在一个较小的变化范围内。

梯度消失是循环神经网络面临的最大问题，相较于梯度爆炸问题要更难解决。目前最有效的方法就是在模型上做一些改变，这就是下一节将要介绍的门控循环神经网络。

5.4 门控循环神经网络

门控循环神经网络在简单循环神经网络的基础上对网络的结构做了调整，加入了门控机制，用来控制神经网络中信息的传递。门控机制可以用来控制记忆单元中的信息有多少需要保留，有多少需要丢弃，新的状态信息又有多少需要保存到记忆单元中等。这使得门控循环神经网络可以学习时间跨度相对较大的依赖关系，而不会出现梯度消失和梯度爆炸的问题。如果从数学的角度来理解，一般结构的循环神经网络中，网络的状态 h_t 和 h_{t-1} 之间是非线性的关系，并且参数 W 在每个时间步共享，这是导致梯度爆炸和梯度消失的根本原因。门控循环神经网络解决问题的方法就是在状态 h_t 和 h_{t-1} 之间添加一个线性的依赖关系，从而避免梯度消失或梯度爆炸的问题。

5.4.1 长短期记忆网络

长短期记忆网络（Long Short-Term Memory，LSTM）的结构如图 5-14 所示，LSTM 的网络结构看上去很复杂，但实际上如果将每一部分拆开来看，其实也很简单。在一般的循环神经网络中，记忆单元没有衡量信息价值量的能力，因此，记忆单元对于每个时刻的状态信息等同视之，这就导致了记忆单元中往往存储了一些无用的信息，而真正有用的信息却有可能被这些无用的信息挤了出去。LSTM 正是从这一点出发做出相应改进的，和一般结构的循环神经网络只有一种网络状态不同，LSTM 中将网络的状态分为内部状态和外部状态两种。LSTM 的外部状态类似于一般结构的循环神经网络中的状态，即该状态既是当前时刻隐藏层的输出，也是下一时刻隐藏层的输入。这里的内部状态则是 LSTM 特有的。

在 LSTM 中有三个称之为"门"的控制单元，分别是输入门（Input Gate）、输出门（Output Gate）和遗忘门（Forget Gate），其中输入门和遗忘门是 LSTM 能够记忆长期依赖的关键。输入门决定了当前时刻网络的状态有多少信息需要保存到内部状态中，而遗忘门则决定了过去的状态信息有多少需要丢弃。最后，由输出门决定当前时刻的内部状态有多少信息需要输出给外部状态。

从图 5-14 可以看到，一个 LSTM 单元在每个时间步都会接收三个输入：当前时刻的输入 x_t，来自上一时刻的内部状态，以及上一时刻的外部状态 c_{t-1}。其中，x_t 和 h_{t-1} 同时作为三个"门"的输入，σ 为 Logistic 函数。

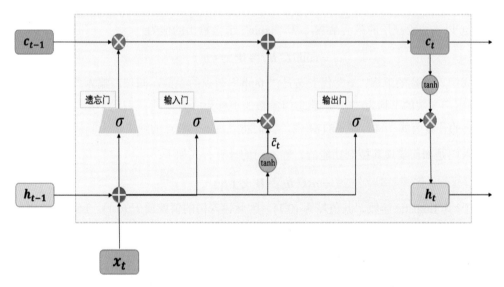

图 5-14 单个时间步的 LSTM 网络结构示意图

接下来我们将分别介绍 LSTM 中的三个"门"结构。首先看一下输入门，如图 5-15 所示。

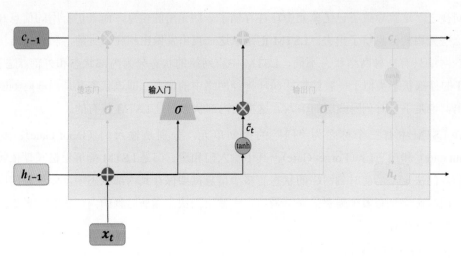

图 5-15　LSTM 的输入门

　　LSTM 中也有类似于 RNN（这里特指前面介绍过的简单结构的循环神经网络）的前向计算过程，如果去掉输入门部分，剩下的部分其实就是 RNN 中的从输入层到隐藏层的结构，"tanh"可以当成隐藏层的激活函数，从"tanh"节点输出的值为

$$\tilde{c}_t = \tanh(U_c\,\boldsymbol{h}_{t-1} + \boldsymbol{W}_c x_t + b_c)$$ 　　　　　　（式 5-3）

　　上式中，参数的下标"c"代表这是"tanh"节点的参数，同理，输入门参数的下标为"i"，输出门参数的下标为"o"，遗忘门参数的下标为"f"。上式与简单结构循环神经网络中隐藏层的计算公式一样。在 LSTM 中，我们将"tanh"节点的输出称为候选状态。

　　输入门是如何实现其控制功能的？输入门的计算公式如下：

$$i_t = \sigma(U_i\,\boldsymbol{h}_{t-1} + \boldsymbol{W}_i x_t + b_i)$$ 　　　　　　（式 5-4）

　　由于 σ 为 Logistic 函数，其值域为 $(0,1)$，因此输入门的值就属于 $(0,1)$。LSTM 将"tanh"节点的输出（即候选状态 $\tilde{c}$）乘上输入门的值后再更新内部状态 $\boldsymbol{c}_{t-1}$。如果 i_t 的值趋向于 0 的话，那么候选状态 $\tilde{c}$ 就只有极少量的信息会保存到内部状态 $\boldsymbol{c}_{t-1}$ 中，相反，如果 i_t 的值趋近于 1，那么候选状态 $\tilde{c}$ 就会有更多的信息被保存。输入门就是通过这种方法来决定保存多少 $\tilde{c}$ 中的信息的，i_t 值的大小就代表了新信息的重要性，不重要的信息就不会被保存到内部状态中。

　　再来看遗忘门，如图 5-16 所示。

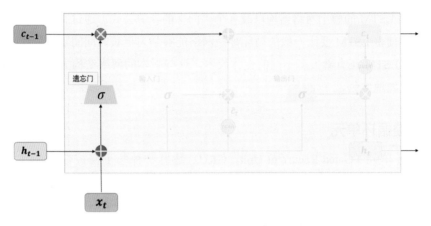

图 5-16　LSTM 的遗忘门

遗忘门的计算公式如下：

$$f_t = \sigma(\boldsymbol{U}_f \, \boldsymbol{h}_{t-1} + \boldsymbol{W}_f \, x_t + b_f)$$（式 5-5）

和输入门是同样的方法，通过 f_t 的值来控制上一时刻的内部状态 $\boldsymbol{c}_{t-1}$ 有多少信息需要"遗忘"。当 f_t 的值越趋近于 0，被遗忘的信息越多。同样的原理，我们来看"输出门"，如图 5-17 所示。输出门的计算公式如下：

$$o_t = \sigma(\boldsymbol{U}_o \, \boldsymbol{h}_{t-1} + \boldsymbol{W}_o x_t + b_o)$$（式 5-6）

若 $\boldsymbol{o}_t$ 值越接近于 1，则当前时刻的内部状态 $\boldsymbol{c}_t$ 就会有越多的信息输出给当前时刻的外部状态 $\boldsymbol{h}_t$。

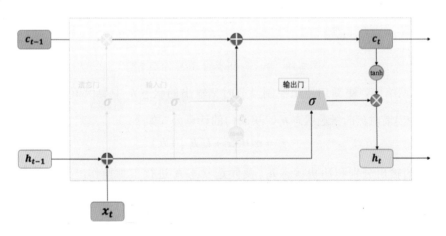

图 5-17　LSTM 的输出门

以上就是 LSTM 的整个网络结构以及各个"门"的计算公式。通过有选择性地记忆和遗忘状态信息，使得 LSTM 要比一般的循环神经网络能够学习更长时间间隔的依赖关系。根据不同的需求，LSTM 还有着很多不同的变体版本，这些版本的网络结构大同小异，但都在其特定的应用中表现出色。

5.4.2 门控循环单元

门控循环单元（Gated Recurrent Unit，GRU）是另一种基于门控制的循环神经网络，GRU 的网络结构相比 LSTM 要简单一些。GRU 将 LSTM 中的输入门和遗忘门合并成了一个门，称为更新门（Update Gate）。在 GRU 网络中，没有 LSTM 网络中的内部状态和外部状态的划分，而是通过直接在当前网络的状态 h_t 和上一时刻网络的状态 h_{t-1} 之间添加一个线性的依赖关系来解决梯度消失和梯度爆炸题的，如图 5-18 所示。

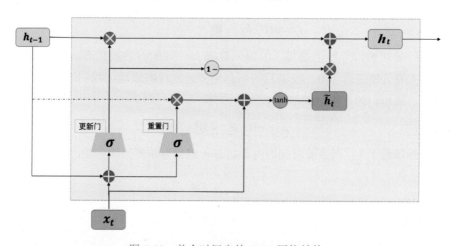

图 5-18　单个时间步的 GRU 网络结构

在 GRU 网络中，更新门用来控制当前时刻输出的状态 h_t 中要保留多少历史状态 h_{t-1}，以及保留多少当前时刻的候选状态 $\tilde{h}_t$。更新门的计算公式如下：

$$z_t = \sigma(W_z x_t + U_z h_{t-1} + b_z) \qquad \text{（式 5-7）}$$

更新门的输出分别和历史状态 h_{t-1} 及候选状态 $\tilde{h}_t$ 进行了乘操作，其中和 $\tilde{h}_t$ 相乘的是 $1-z_t$。最终当前时刻网络的输出为

$$h_t = z_t \cdot h_{t-1} + (1-z_t) \cdot \tilde{h}_t \qquad \text{（式 5-8）}$$

重置门的作用是决定当前时刻的候选状态是否需要依赖上一时刻的网络状态，以及需要

依赖多少。上一时刻的网络状态 h_t 先和重置门的输出 r_t 相乘之后，再作为参数用于计算当前时刻的候选状态。重置门的计算公式如下：

$$r_t = \sigma(W_r x_t + U_r h_{t-1} + b_r) \qquad\qquad (\text{式 5-9})$$

r_t 的值决定了候选状态 $\tilde{h}_t$ 对上一时刻的状态 h_{t-1} 的依赖程度，候选状态 $\tilde{h}_t$ 的计算公式如下：

$$\tilde{h}_t = \tanh(W_c x_t + U_c(r_t \cdot h_{t-1}) + b_c) \qquad\qquad (\text{式 5-10})$$

其实当 z_t 的值为 0 且 r_t 的值为 1 时，GRU 网络中的更新门和重置门就不再发挥作用了，而此时的 GRU 网络就退化成了简单循环神经网络，因为有：

$$\tilde{h}_t = \tanh(W_c x_t + U_c \cdot h_{t-1} + b_c) \ h_t = \tilde{h}_t$$

5.4.3　TensorFlow 实现 LSTM 和 GRU

前面介绍了 LSTM 和 GRU 的理论知识，这一小节使用 TensorFlow 来实现一个 LSTM 模型。为了方便，这里使用 MNIST 数据集。可能读者对在循环神经网络中使用图像数据会有一点疑惑，因为通常情况下图像数据一般都是使用卷积神经网络来训练的。事实的确如此，由于卷积神经网络和循环神经网络的结构不同，也就使得它们各自有不同的适用场景，但这不代表卷积神经网络只能用来处理时序数据，同样也不能认为循环神经网络不能用来处理图像数据，只要在输入数据的格式上稍作调整即可，就像上一章中我们使用卷积神经网络网络来处理文本数据一样。

MNIST 数据集前面已经用过，这里就不再多做介绍了，数据处理部分直接复用之前的代码，只需要稍作修改（具体参见本书配套 GitHub 项目上的完整代码）。这里主要看网络部分的实现：

```
1 model = tf.keras.models.Sequential([
2     tf.keras.layers.LSTM(64, return_sequences=True, input_shape=(28, 28)),
3     tf.keras.layers.LSTM(32),
4     tf.keras.layers.Dense(10, activation='softmax')
5 ])
```

这里使用了一个两层的 LSTM 网络，注意第 2 行代码中的"input_shape"，由于 MNIST 图像的大小为"28×28"，因此这里我们将每一行作为一个时间步的输入，即"time_step"为 28。

TensorFlow 中使用 tf.keras API 时，LSTM 和 GRU 的切换非常简单，在上面的代码中，将第 2 行和第 3 行代码修改为 "tf.keras.layers.GRU"，则实现的就是 GRU 网络。

5.5 循环神经网络的应用

目前循环神经网络已经被应用在了很多领域，如语音识别（ASR）、语音合成（TTS）、聊天机器人、机器翻译，以及自然语言处理的分词、词性标注等工作的研究中。在本节中，我们将介绍几个较为典型的循环神经网络的应用，以此来了解循环神经网络是如何与实际应用场景相结合的。

根据应用场景和需求的不同，我们大致可以将循环神经网络的任务分为两类：一类是序列到类别的模式；另一类是序列到序列的模式。其中，序列到序列的模式又可以进一步地划分为："同步的序列到序列的模式"和"异步的序列到序列的模式"。接下来我们会通过三个案例来进一步了解这三种模式。

5.5.1 文本分类

文本分类目前是自然语言处理（Natural Language Processing，NLP）领域中最常见的问题之一，例如做垃圾邮件检测、用户评论的情感极性分析等。序列到类别的模式适用于文本分类问题，在文本分类问题中，我们输入循环神经网络中的是一段文本，长度为 n，神经网络的输出只有一个类别，长度为 1。

假设要实现一个外卖行业的用户评论的情感极性分类，如图 5-19 所示，往神经网络中输入的是一段用户对外卖商品的评论。

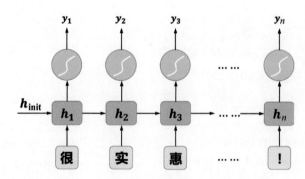

图 5-19　实现文本分类的循环神经网络示意图

循环神经网络在每一个时间步都有一个输出，但对于一个简单的分类问题，我们不需要这么多的输出，一个常用且简单的处理方式是只保留最后一个时间步的输出，如图 5-20 所示。

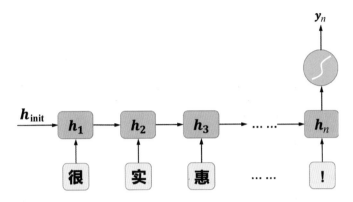

图 5-20　"序列到类别模式"的循环神经网络示意图

5.5.2　序列标注

分词是自然语言处理中最基础、也是最重要的一个环节，随着深度学习的发展，不少人开始尝试将深度学习应用到这一领域，近两年里也取得了一定的成果。虽然目前在分词、词性标注等任务中普遍使用的还是 CRF、HMM 等传统算法，但是深度学习所取得的成果已经被越来越多的人所认可，并且不断地在自然语言处理的任务中崭露头角。

不管使用传统的 CRF 算法还是使用循环神经网络来训练分词模型，我们都需要先对训练数据进行标注。以 4-tag 字标注法为例，假设有一段训练样本"北京市是中国的首都"，标注后的数据形式如图 5-21 所示。

北	B
京	M
市	E
是	S
中	B
国	M
的	S
首	B
都	M

图 5-21　标注后的数据形式

在 4-tag 字标注法中，有四个标签，分别是 B、M、E 和 S。其中 B 代表这个字是一个词的首字，M 代表这个字是一个词的中间部分（一个词如果由多个字组成，除了首尾，中间的字都标为 M），E 代表这个字是一个词的最后一个字，而 S 代表这是一个单字，单独成词。在类似分词这种序列标注的问题中，每一个时间步都对应一个输入和输出。对于这种问题，我们采用"同步的序列到序列的模式"，如图 5-22 所示。

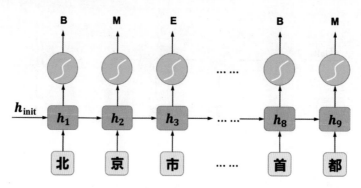

图 5-22 "同步的序列到序列模式"的循环神经网络示意图

5.5.3 机器翻译

用于机器翻译的循环神经网络是一种"异步的序列到序列模式"的网络结构，同样是序列到序列的模式，与适用于序列标注的"同步的序列到序列模式"的不同之处在于，"异步的序列到序列模式"的循环神经网络对于输入和输出的序列长度没有限制。在序列标注问题中，每一个时间步都有一个输入和一个对应的输出，因此输入和输出的序列长度相同，然而在机器翻译问题中，我们输入的序列长度和输出的序列长度不一定等长。

"异步的序列到序列模式"的循环神经网络就是我们常说的"Sequence to Sequence Model"，又称为编码器 - 解码器（Encoder-Decoder）模型。之所以称之为编码器 - 解码器模型，是因为我们将网络分成了两部分：编码器部分和解码器部分。如图 5-23 所示，编码器模型对输入的序列数据进行编码，得到中间向量 C。

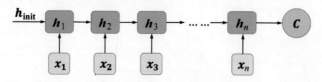

图 5-23 编码器部分示意图

最简单的编码方式是直接把网络最后一个时刻的状态 h_n 赋值给 C，也可以使用一个函数来做变换，函数接收的参数可以是 h_n，也可以是从 h_1 到 h_n 的任一中间状态。在得到中间向量 C 之后，接下来要做的就是解码。一种常用的解码方式如图 5-24（左）所示，模型在解码过程中将编码得到的向量 C 作为解码器的初始状态，并将每一个时间步的输出作为下一个时间步的输入，直至解码完成。"EOS" 是输入和输出序列结束的标志。图 5-24（右）所示的是另一种解码的方式，该方式将编码得到的向量 C 作为解码器模型每一个时间步的输入。

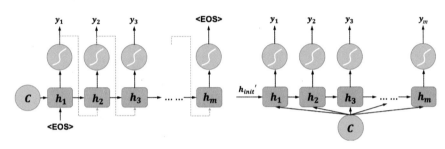

图 5-24　两种不同的解码器模型示意图

5.6　注意力模型

虽然编码器 - 解码器（Encoder-Decoder）结构的模型（如图 5-25 所示）在机器翻译、语音识别及文本摘要等诸多应用中均取得了非常不错的效果，但同时也存在着不足之处。编码器将输入的序列编码成了一个固定长度的向量，再由解码器将其解码，得到输出序列。这个固定长度的向量所具有的表征能力是有限的，然而解码器又受限于这个固定长度的向量。因此，当输入序列较长时，编码器很难将所有的重要信息都编码到这个定长的向量中，从而使得模型的输出效果大打折扣。

为了解决这一问题，我们引入了注意力机制（Attention），这种引入了注意力机制的神经网络模型又称为注意力模型（Attention-based Model），如图 5-26 所示。本节要介绍的 "Soft Attention Model" 是一种最为常见、使用也较多的注意力模型。为了解决传统的编码器 - 解码器模型中单个定长的编码向量无法保留较长的输入序列中的所有有用信息的问题，注意力模型引入多个编码向量，在解码器中一个输出对应一个编码向量。

举个简单的例子，假设解码器的输出 y_1 与编码器的输入 X_1、X_2 的关系较大，那么编码得到的向量 C_1 就会更多地保存 X_1 和 X_2 的信息，同理得到其他编码向量。因此，注意力机制的核心就是编码向量 C_i 的计算，假设编码器和解码器均使用的是循环神经网络，计算过程如图 5-27 所示。

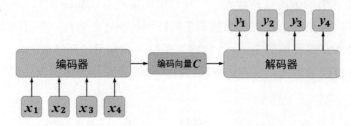

图 5-25　没有注意力机制的编码器 - 解码器模型示意图

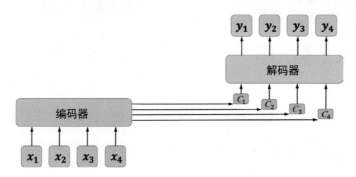

图 5-26　注意力模型示意图

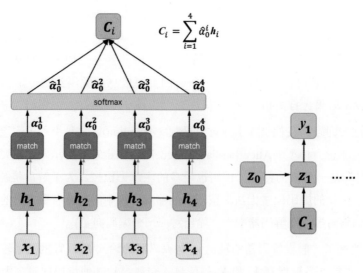

$$C_i = \sum_{i=1}^{4} \hat{a}_0^i h_i$$

图 5-27　注意力机制计算过程示意图

以第一个编码向量 C_1 的计算为例，首先用解码器的初始状态 Z_0 分别和编码每个时间步的输出 h_i 计算相似度，得到输出 α_0^i，再通过一个 softmax 函数运算将 α_0^i 转换成概率值 $\hat{\alpha}_0^i$，最后由公式 $C_1 = \sum_{i=1}^{4} \hat{\alpha}_0^i h_i$ 计算得到编码向量 C_1。接下来再利用解码器中神经网络的输出 Z_1 计算编码向量 C_2，以此类推，直到解码过程结束。

以上就是传统的"Soft Attention Model"，除此之外还有一些其他形式的注意力模型，有适用于自然语言处理领域的，也有适用于图像领域的。谷歌公司在 2017 年发表的一篇名为 *Attention is All You Need* 的论文中建议试图摆脱 CNN 和 RNN，用纯粹的注意力机制来实现编码器 - 解码器模型的任务，并且取得了非常不错的效果。

5.7　本章小结

这一章从基础的简单结构循环神经网络开始，介绍了循环神经网络的计算过程、如何使用 TensorFlow 去实现、常用的循环神经网络结构，以及循环神经网络所面临的问题——长期依赖问题及其解决办法。本章还介绍了两种基于门控制的循环神经网络，这是目前在循环神经网络里使用较多的网络结构。这两种网络结构通过在前后两个网络状态之间增加线性的依赖关系，在一定程度上解决了梯度消失和梯度爆炸的问题。本章最后还详细地介绍了注意力模型。想进一步了解循环神经网络相关应用，还可参考本书 GitHub 项目中整理的相关资源。

5.8　本章练习

1. 请阅读几篇经典的循环神经网络模型相关的论文（可从本书 GitHub 项目中给出的论文中挑选）。

2. 运行并阅读本书 GitHub 项目中给出的基于循环神经网络实现的中文分词模型相关代码。

3. 运行并阅读本书 GitHub 项目中给出的文本生成模型的代码。

第6章　深度强化学习

本章内容

◎ 强化学习的基础知识

◎ 强化学习算法的介绍和实现

◎ 深度强化学习算法——DQN、DDPG

深度强化学习（Deep Reinforcement Learning）是由 DeepMind 团队在 2013 年的神经信息处理系统大会（Conference and Workshop on Neural Information Processing Systems，NIPS）上发表的名为 *Playing Atari with Deep Reinforcement Learning* 的论文中被正式提出的。DeepMind 团队在该论文中提出了 Deep Q-Networks（DQN）算法，并且将该算法应用在了 7 个 Atari 2600 游戏中，希望让程序自己去学习玩 Atari 游戏。这个算法可以把其中的三个游戏玩得比人类玩家还好！在这之后，DeepMind 团队就被谷歌公司收购，再后来就有了那个打败李世石的 AlphaGo。2015 年，DeepMind 团队在 *Nature* 杂志发表的一篇名为 *Human-level control through deep reinforcement learning* 的论文中，提出了 DQN 算法的改进版本并将其应用到 49 个不同的 Atari 2600 游戏中，算法在一半的游戏中表现出超过人类玩家的性能。

现在，深度强化学习已经成为人工智能领域前沿的研究方向，在各个应用领域也备受推崇，如同 AlphaGo 负责人戴维·席尔瓦（David Silver）认为的那样，未来的人工智能一定是深度学习（Deep Learning）和强化学习（Reinforcement Learning）的结合。

本章首先会简单地介绍强化学习的基础知识和基础的强化学习算法，帮助读者快速入门；之后通过三种强化学习算法，以及三种强化学习算法的实战项目帮助读者加深对算法的理解。

本章知识结构图

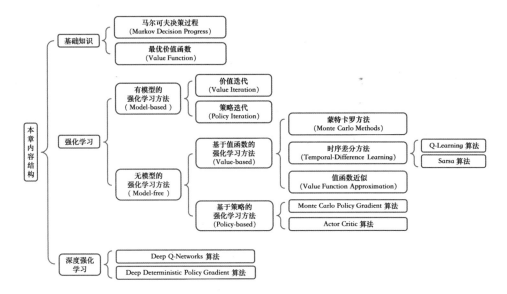

6.1　从 AlphaGo 看深度强化学习

2016 年上半年，李世石和 AlphaGo 的"人机大战"掀起了一波人工智能浪潮，也引起了大家对于人工智能的热烈讨论。虽然真正意义上的人工智能离我们人类还很远，但是 AlphaGo 的成功已经是一个不小的进步。本节借助 AlphaGo 的例子简单地介绍一下什么是强化学习和深度强化学习。一个强化学习问题通常包含如下要素：

- 动作空间（Action Space）：A

- 状态空间（State Space）：S

- 奖励（Reward）：R

- 状态转移概率矩阵（Transition）：P

强化学习问题中有一个主体，即**智能体**（Agent），如 AlphaGo 就是一个智能体，也可以认为智能体指的就是计算机。**动作空间**（Action Space）指的是智能体可以采取的所有合法动作的集合，AlphaGo 的动作空间就是它能采取的所有合法的落子。AlphaGo 所处的环境是棋盘，AlphaGo 每一次落子之后（对手也随即落子），环境的**状态**（State）则随之发生改变，即棋盘的布局状态发生了变化，我们把所有的棋盘布局状态的集合称为**状态空间**（State Space）。AlphaGo

下完一盘棋需要采取一系列的动作。如果 AlphaGo 获胜了，则给它一个好的**奖励**（Reward），告诉它这盘棋下得不错；如果 AlphaGo 输了，则给它一个坏的"奖励"，告诉它这盘棋下得不好。AlphaGo 根据它最终得到的奖励，就能够知道自己在这一局棋中有哪些好的落子动作，具体过程如图 6-1 所示。而强化学习的目的就是让智能体通过不断的学习，找到解决问题的最好的步骤序列，这个"最好"的衡量标准就是智能体执行一系列动作后得到的累积奖励。

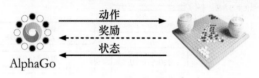

图 6-1　AlphaGo 和环境（棋盘）的交互关系

　　AlphaGo 每一次落子之后，对手也会随即落子，这时候棋盘的状态就发生了变化，AlphaGo 可以掌控自己的落子，却不能掌控对手的落子，对手不同的落子就会导致不同的下一个状态。事实上，AlphaGo 虽然不能掌控对手的落子，但是它可以预测对手的落子情况，就像我们人类棋手一样会站在对手的角度考虑并猜测对手的下一步棋。因此 AlphaGo 会预判出对手可能的落子点，给每一种情况赋予一个概率。这样就有了**状态转移概率矩阵**（Transition），状态转移概率矩阵会根据 AlphaGo 当前的动作给出棋盘所有可能的下一个状态及其对应的概率，概率最大的状态就是对手最有可能的落子。

　　细想会发现一个问题：如果总在 AlphaGo 下完一盘棋之后才给奖励，那么 AlphaGo 只知道自己这一整局棋下得怎么样，而具体到中间的每一步，就没有评判的依据。在强化学习问题中，我们称这种情况为**延迟奖励**（Delayed Reward）。要想找到一个最好的动作序列，就需要 AlphaGo 在学习中为每一个中间动作（或状态）赋予一个奖励，这个奖励代表着这一个动作（或状态）在引领 AlphaGo 赢得这局棋（即获得最大累积奖励）方面的表现。当 AlphaGo 学习到了所有中间动作（或状态）的奖励值之后，在每一个棋盘状态下，AlphaGo 就知道都执行对应奖励值最大的那一个落子动作，即遵循一个**策略**（Policy），这就是强化学习要做的事。

　　到这里可以大致了解强化学习是怎么一回事了，那深度强化学习又是什么呢？AlphaGo 需要学习到每一个棋盘状态下可以执行的每一个动作所对应的奖励值，在一般的强化学习算法中，我们会用一张表来描述（称为 Q 值表），如表 6-1 所示。

　　然而，对于围棋来说，如果是一个 19×19 的棋盘，摆放黑白棋子的组合数是 3^{361} 种，即使去掉那些不合法的情况，数量也依然很庞大，而且这还只是状态数，如果再算上落子动作的话，表 6-1 将会非常庞大，因此需要找到一个方法把状态的维度降低。

表 6-1　Q 值表

状态 ＼ 动作	Action 1	Action 2	……	Action k
State 1	5	2.9	……	7
State 2	4.5		……	6
……	……	……	……	……
State m		3.5	……	4

有一种可行的办法是用函数来近似表示 Q 值表，例如一个线性函数 $f(s,a,w)$，其中 s 为状态，a 为动作，w 为该函数的参数。有了这个函数，只需输入一个状态和一个合法的动作，就会知道对应的奖励是多少，而且不用关心状态 s 的维度有多高。考虑到通常只是状态的维度较高（例如在围棋和 Atari 游戏中，输入的状态都是一幅图像），而动作空间往往都是低维的，我们可以将这个函数简化为 $f(s,w)$，即只需要输入状态，输出的是形如 $[Q(s,a^1),Q(s,a^2),\cdots,Q(s,a^k)]$ 的向量，该向量包含了该状态下可以执行的所有合法的动作及其对应的奖励值。

既然我们可以用一个函数来近似表示 Q 值表，那么当然也可以用一个神经网络去代替这个函数，而且如果输入的状态是图像，则会更有利于发挥神经网络的优势。这就是深度强化学习。将描述一个状态的图像输入训练好的神经网络里，同样得到一个形如 $[Q(s,a^1),Q(s,a^2),\cdots,Q(s,a^k)]$ 的向量，甚至可以直接让神经网络的输出是一个确定的动作，即对应奖励值最大的那个动作，此时，智能体就可以直接执行这个输出的动作，如图 6-2 所示。

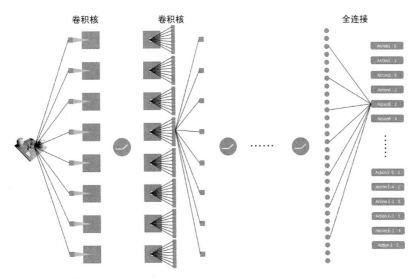

图 6-2　神经网络接受和处理状态图像的例子

6.2 强化学习基础知识

6.2.1 强化学习问题

图 6-3 所示的"Frozen Lake"游戏的场景是一个结了冰的湖面（即 4×4 大小的方格），要求智能体从开始点"Start"走到目标点"Goal"，但是不能掉进冰窟窿里（即图中标注的"Hole！！！"）。这个小游戏有两种模式："有风"模式和"无风"模式。两种模式的区别是，在"有风"模式下，智能体的移动会受到风的影响，例如，智能体当前的位置是 S_3，智能体选择向右走一步，"无风"模式下智能体会到达 S_4 状态，而在"有风"模式下，智能体的位置就不确定了，有可能会被风吹到任意状态，例如 S_7。

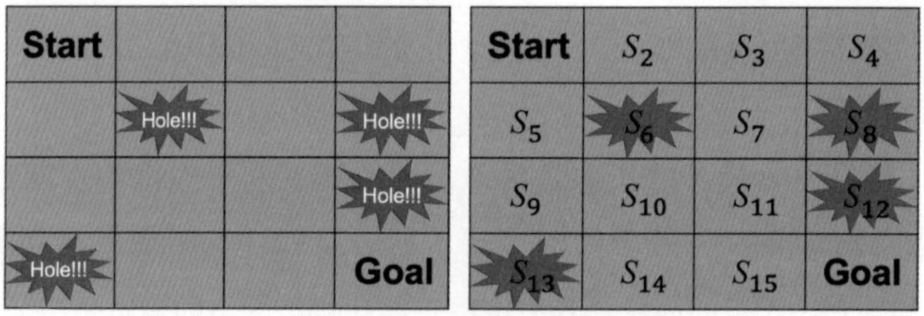

Start			
	Hole!!!		Hole!!!
		Hole!!!	
Hole!!!			Goal

Start	S_2	S_3	S_4
S_5	S_6	S_7	S_8
S_9	S_{10}	S_{11}	S_{12}
S_{13}	S_{14}	S_{15}	Goal

图 6-3 "Frozen Lake"游戏示意图

人类来玩"Frozen Lake"，很简单，但是智能体并不知道自己所处的环境是什么样子，也不知道要怎么去玩这个游戏，只能通过和环境交互，即不断地尝试每一种动作，然后根据环境的反馈来判断刚才的动作是好还是不好。例如智能体当前处在 S_5 状态，采取了一个向右的动作，结果掉进了冰窟窿，此时环境会给它一个负的反馈，告诉它刚才这个动作是不好的。而如果智能体处在 S_{15} 状态，采取了一个向右的动作，环境则会给它一个正的反馈，因为它顺利到达了目标点。

智能体需要通过学习来得到每一个中间动作（或状态）的奖励值，之后的策略就是选择一条累积奖励最大的动作序列（即每一次都选择当前状态下奖励值最大的那个动作执行）。那么，智能体是如何通过学习得到每一个中间动作（或状态）奖励值的呢？

1. 累积奖励

在"Frozen Lake"游戏中，智能体从"Start"走到目标点"Goal"需要经过一个序列的中间状态，同时也需要根据策略做出一系列的动作。通常根据智能体执行完一个序列的动作后所获得的累积奖励来评判这个策略的优劣，累积得到的奖励越大，则认为策略越优。

计算累积奖励有两种方式，一种是计算从当前状态到结束状态的所有奖励值之和：

$$G_t = r_{t+1} + r_{t+2} + \cdots + r_{t+T} \qquad (式 6\text{-}1)$$

式 6-1 适用于有限时界（Finite-horizon）情况下的强化学习，但是在有些无限时界（Finite-horizon）情况，智能体要执行的可能是一个时间持续很长的任务，比如自动驾驶，如果使用上式计算累积奖励值显然是不合理的，则需要一个有限的值，通常会增加一个折扣因子，如下式：

$$G_t = r_{t+1} + \gamma r_{t+2} + \gamma^2 r_{t+3} + \cdots = \sum_{k=0}^{\infty} \gamma^k r_{t+k+1} \qquad (式 6\text{-}2)$$

在式 6-2 中，$0 \leqslant \gamma \leqslant 1$。当 γ 的值等于 0 时，则智能体只考虑下一步的回报；当 γ 的值越趋近于 1，未来的奖励就会被越多地考虑在内。需要注意的是，有时候我们会更关心眼下的奖励，有时候则会更关心未来的奖励，调整的方式就是修改 γ 的值。

2. 学习和规划

学习（Learning）问题不同于规划（Planning）问题，规划问题一般只需求得一个解，或者寻找一条路径，而学习问题是要求得一个策略（或者说是对一个问题的解决方法的建模），智能体使用这个策略去采取一系列的动作并完成任务，例如在"Frozen Lake"游戏中从开始点"Start"走到目标点"Goal"。

在规划问题中，我们有着关于这个问题的完整描述，如求最短路径问题，已知图中所有的节点和所有的边，以及每一条边上的权重。而在学习问题中，我们对问题往往没有一个完整的描述，例如在"Frozen Lake"游戏中，智能体对环境并不清楚，在初始情况下，对于每一个动作（或状态）也没有一个固定的奖励，智能体只有在掉进冰窟窿或者到达目标点的时候才会得到一个相应的奖励值。而且如果是在"有风"的模式下，我们甚至不确定执行一个动作后会到达哪个状态。

虽然学习问题不同于规划问题，但是两者也有一定的联系。基于模型（Model-based）的强化学习方法即拥有关于环境的完整描述（例如所有的环境状态、状态转移概率矩阵及关于动作或状态的奖励等）。基于模型的强化学习方法会先从环境中恢复这些环境信息，并保存在一个模型中（即后面会介绍的马尔可夫决策过程）。在得到这个模型之后就可以使用规划的方法来解决问题了。与之对应的还有无模型的（Model-free）强化学习方法，这类方法不需要知道完整的环境信息，也不会对环境建模，而是通过直接和环境交互来进行学习的。

关于强化学习和传统的有监督学习的区别，埃塞姆·阿培丁（Ethem Alpaydin）教授在其所著的 *Introduction to Machine Learning* 一书中提到：有监督学习是 "learning with a teacher"，而强化学习是 "learning with a critic"。批评者（Critic）不会告诉我们做什么，只会在事后告诉我们做得怎么样（例如在 "Frozen Lake" 游戏中，只有在智能体掉进冰窟窿或者到达目标位置后，才会得到一个反馈信息，而这时游戏已经结束了），所以需要根据批评者事后的评价回头去评估和调整我们之前的动作，直到能得到批评者最好的评价。

6.2.2 马尔可夫决策过程

马尔可夫决策过程（Markov Decision Processes，MDP）是对强化学习中环境（Environment）的形式化的描述，或者说是对于智能体所处的环境的一个建模。在强化学习中，几乎所有的问题都可以形式化地表示为一个马尔可夫决策过程。

简化一下 "Frozen Lake"（无风模式），并且不考虑起点和终点，如图 6-4 所示。

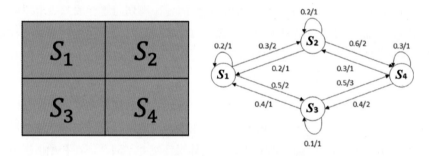

图 6-4 简化的 "Frozen Lake" 游戏

图 6-4 中右侧的状态转换图，表示从每个状态转移到下一个状态的概率及能获得的相应奖励。例如在状态 S_1 时，可以转移到 S_2 状态，也可以转移到 S_3 状态，或者不移动，留在 S_1 状态，其概率分别为 0.3、0.5 和 0.2，获得的相应奖励分别为 2、2 和 1。对于每一个状态来说，出边的概率和必为 1。

1. 马尔可夫过程（Markov Process）

在一个随机过程 $s_0, s_1, \cdots, s_n$ 中，已知时刻 t_i 所处的状态 s_i，如果在时刻 t_{i+1} 时的状态 s_{i+1} 只与状态 s_i 相关，而与 t_i 时刻之前的状态无关，则称这个过程为马尔可夫过程。例如图 6-4 中的例子，智能体从 S_1 状态移动到 S_3 状态后，至于下一个状态是什么已经与 S_1 无关了，只

取决于当前的 S_3 状态。这种特性称为随机过程的马尔可夫性（或称为"无后效性"）。具有马尔可夫性的随机过程 $s_0, s_1, \cdots, s_n$ 称为马尔可夫链（Markov Chain）。

2. 马尔可夫回报过程（Markov Reward Process）

前面在讨论计算累积奖励的时候给出了式 6-1 和式 6-2。这两个公式考虑的是最简单的情况（即智能体每执行一个动作后，到达的下一个状态是确定的），因此仅需要将智能体每一步获得的奖励累加起来。然而，很多时候，状态是不确定的，例如在"Frozen Lake"游戏的"有风"模式下，智能体执行一个动作后会以一定的概率转移到另一个状态，因此，得到的奖励也与这个概率相关。所以在计算累积奖励的时候，通常是计算奖励的期望，用 V 表示奖励的期望，则状态 s 的期望奖励值表示为

$$V(s) = E[G_t \mid S_t = s] \tag{式 6-3}$$

所以式 6-1 可表示为如下形式：

$$\begin{aligned} V(s) &= E[G_t \mid S_t = s] = E[r_{t+1} + r_{t+2} + \cdots + r_{t+T}] = E[r_{t+1} + V(S_{t+1}) \mid S_t = s] \\ &= \sum_{s'} P(s' \mid s)(R(s') + V(s')) \end{aligned} \tag{式 6-4}$$

式 6-2（考虑折扣因子）则表示为

$$\begin{aligned} V(s) &= E[G_t \mid S_t = s] = E[r_{t+1} + \gamma r_{t+2} + \gamma^2 r_{t+3} + \cdots] = E[r_{t+1} + \gamma V(S_{t+1}) \mid S_t = s] \\ &= \sum_{s'} P(s' \mid s)(R(s') + \gamma V(s')) \end{aligned} \tag{式 6-5}$$

3. 马尔可夫决策过程（Markov Decision Process）

在图 6-4 中只考虑了"Frozen Lake"游戏的"无风"模式，因为在"无风"模式下，智能体执行了一个动作后到达的下一个状态是确定的，所以只考虑状态的转移而无须考虑具体的动作。然而在"有风"模式下，根据执行的动作不同，状态的转移概率也不同。依然以图 6-4 中简化后的"Frozen Lake"游戏例子，假如当前状态为 S_1，在"有风"模式下，根据执行的动作不同，状态转移概率如表 6-2 所示。

表 6-2 "有风"模式下智能体在 S_1 状态时执行不同动作的状态转移概率

动作 ＼ 下一状态	S_1	S_2	S_3
右移	0.35	0.4	0.25
下移	0.3	0.35	0.35

什么是马尔可夫决策过程？我们将马尔可夫决策过程定义为一个五元组：

$$M = (S, A, R, P, \gamma) \qquad \text{(式 6-6)}$$

- S：状态空间，例如在" Frozen Lake "游戏中，总共有 16 个状态（Start，S_2，…，S_{15}，Goal）；

- A：动作空间，在" Frozen Lake "游戏中，每个状态下可以执行的动作有四个（上、下、左和右）；

- R：奖励函数，在某个状态 S_t 下执行了一个动作并转移到下一个状态 S_{t+1}，就会得到一个相应的奖励 r_{t+1}；

- P：状态转移规则，可以理解为我们之前介绍的状态转移概率矩阵。在某个状态 S_t 下执行了一个动作，就会以一定的概率转移到下一个状态 S_{t+1}。

现在总结一下，强化学习要解决的问题是：智能体需要学习一个策略 π，这个策略 π 定义了从状态到动作的一个映射关系 $\pi : S \to A$，也就是说，智能体在任意状态 s_t 下所能执行的动作为 $a_t = \pi(s_t)$，并且有 $\sum_{a_t \in A} \pi(a_t \mid s_t) = 1$。用价值 V^{π} 来衡量这个策略 π 的好坏，价值 $V^{\pi}(s_t)$ 代表的是智能体从状态 s_t 开始，在遵循策略 π 的前提下执行一系列动作后获得的累积奖励的期望值（事实上，当策略 π 确定后，MDP 中的状态转移概率也就确定了，此时可以简单地看成马尔可夫回报过程，即可使用求解马尔可夫回报过程的方法求解回报）：

$$V^{\pi}(s_t) = E[r_{t+1} + \gamma r_{t+2} + \gamma^2 r_{t+3} + \cdots] = \sum_{s'} P(s' \mid s)(R(s') + \gamma V(s')) \qquad \text{(式 6-7)}$$

与式 6-5 不同的是，这里的价值是在遵循策略 π 的情况下的价值。

6.2.3　最优价值函数和贝尔曼方程

式 6-7 即价值函数（Value Function），表明在遵循策略 π 的前提下当前状态的价值。在强化学习中，我们想要找到一个最优的策略（Optimal Policy）π^*，使得在任意初始状态 s 下，能够最大化价值，即最优价值函数（Optimal Value Function）：

$$V^*(s) = \max(V^{\pi}(s)) \,\forall s \qquad \text{(式 6-8)}$$

在强化学习问题中，很多时候，我们想要知道的是在每个状态上做哪个动作最好，然而最优价值函数只能告诉我们当前状态的价值是多少，智能体只能尝试每个动作，走到下一个状态，看哪个动作导致的下一个状态的价值是最好的，就用哪一个动作。

为此出现了常用动作价值函数（又称 Q 值函数）。Q 值函数比价值函数多了一个动作输入，它要估计的是在状态 s 下执行了动作 a 以后，再跟着这个策略 π 一直走下去，它的累积奖励是多少。有了 Q 值函数，看到状态 s 后，把每个动作 a 代进去，看执行哪个动作 a 得到的 Q 值最大，就用哪个动作 a。所以可处理成对的状态 - 动作的价值 $Q(s_t, a_t)$。$Q(s_t, a_t)$ 表示当处于状态 s_t 时执行动作 a_t 的价值。

$$
\begin{aligned}
Q^\pi(s_t, a_t) &= E\left[\sum_{i=1}^{\infty} \gamma^{i-1} r_{t+i}\right] \\
&= \sum_{s'} P(s' \,|\, s_t, a_t)(r(s_t, a_t, s') + \gamma V^\pi(s'))
\end{aligned}
\tag{式 6-9}
$$

因此，最优动作价值函数为

$$
\begin{aligned}
Q^*(s, a) &= \max(Q^\pi(s, a)) \quad \forall s, \forall a \\
&= E[r_{t+1}] + \gamma \sum_{s'} P(s' \,|\, s_t, a_t) \max(Q^*(s', a'))
\end{aligned}
\tag{式 6-10}
$$

所以，状态的价值就等于在这个状态上可以采取的最优动作的价值，即

$$
\begin{aligned}
V^*(s) &= \max(Q^*(s, a)) \\
&= \max\left(E[r_{t+1}] + \gamma \sum_{s'} P(s'|s_t, a_t) V^*(s') \right)
\end{aligned}
\tag{式 6-11}
$$

得到 $Q^*(s,a)$ 值后，就可以定义策略 π 为执行动作 a^*，它在所有的 $Q^*(s,a)$ 中具有最大值，即

$$
\pi^*(s_t)\text{：选择 } a_t^*, \text{ 其中 } Q^*(s_t, a_t^*) = \max_a Q^*(s, a)
$$

所以，只要获得所有的 $Q^*(s,a)$ 值，在每个局部步骤中使用贪心搜索，就可以得到一个最优的步骤序列，该序列最大化累积奖励。

形如 $V(s) = E[r_{t+1} + V(s_{t+1}) \,|\, s_t = s]$ 的方程称为贝尔曼方程。$V^\pi(s_t)$ 和 $Q^\pi(s_t, a_t)$ 满足贝尔曼方程，式 6-10 和式 6-11 称为贝尔曼最优方程（Bellman Optimality Equation）。有了贝尔曼方程和贝尔曼最优方程，我们就可以使用动态规划的方法来求解 MDP。

6.3　有模型的强化学习方法

在强化学习问题中，如果知道环境的具体信息（例如所有的环境状态、状态转移概率矩阵和关于动作或状态的奖励等），则可利用这些信息构建一个 MDP 模型来对环境进行描述。

一旦有了这个模型，就可以使用动态规划的方法来对最优价值函数和策略进行求解。一旦获得了最优价值函数，最优策略就是选择能够最大化下一状态价值的动作。

6.3.1　价值迭代

价值迭代（Value Iteration）算法是一种求解最优策略的方法，其思想是：遍历环境中的每一个状态，在每一个状态下，依次执行每一个可以执行的动作，算出执行每一个动作后获得的奖励，即状态 - 动作价值，当前状态的价值即为当前状态下的最大状态 - 动作价值。重复这个过程，直到每个状态的最优价值不再发生变化，则迭代结束。价值迭代算法如下：

```
for s in S:
    V(s)=0
do:
    delta = 0
    for s in S:
        temp = V(s)
        for a in A:
```
$$Q(s,a) = \mathrm{E}\left[r \mid s,a\right] + \gamma \sum_{s' \in S} P(s' \mid s,a) V(s')$$
$$V(s) = \max_a Q(s,a)$$
```
        delta = max(delta,|temp-V(s)|)
while(delta ≥ θ)
```

6.3.2　策略迭代

我们通过价值迭代（Value Iteration）间接地寻找最优策略，而在策略迭代（Policy Iteration）中直接存储和更新策略。策略迭代算法主要由两部分组成：策略估计（Policy Evaluation）和策略改进（Policy Improvement）。

其算法思想是：首先随机初始化策略 π，将状态价值函数置为 0。在策略估计部分，根据当前的策略 π 来计算每一个状态的价值，直到收敛为止。在策略改进部分，根据上一步求得的状态价值来计算新的策略，直到策略收敛为止，否则重新回到策略估计。策略迭代算法如下：

```
Initialization:
    Initial a policy π
    for s in S:
        V(s)=0
Policy Evaluation:
    do:
```

```
        delta = 0
        for s in S:
            temp = V(s)
```
$$V(s) = \sum_{s'} p(s' \mid s, \pi(s))[r(s, \pi(s), s') + \gamma V(s')]$$
```
            delta = max(delta,|temp-V(s)|)
    while(delta ≥ θ)
Policy Improvement:
    policy-stable = true
    for s in S:
        temp =
```
$$\pi(s) = \arg_a^{\max} \left(\sum_{s'} p(s' \mid s, \pi(s))[r(s, \pi(s), s') + \gamma V(s')] \right)$$
```
        if temp ≠  :
            then policy-stable = false
    if policy-stable:
        then stop and return V and π
    else:
        goto Policy Evaluation
```

6.4　无模型的强化学习方法

在有模型的强化学习方法中，我们拥有环境的完整描述（例如状态转移概率 P 和奖励 R），因此，可以使用动态规划的方法求解策略。然而在实际情况中，我们很少会有这么详细的环境信息（例如"Frozen Lake"游戏），这时就需要智能体自己去探索环境，并寻找策略。我们称这种情况为无模型（Model-free）的强化学习方法。这也是强化学习问题中最常使用的方法。

6.4.1　蒙特卡罗方法

蒙特卡罗方法（Monte Carlo Methods）又称为统计模拟方法，通过前面的学习，我们知道实际上 Q 值函数（动作 - 价值函数）其实就是一个期望，可以直接使用采样来代替期望。

蒙特卡罗方法的思想是：对于某个随机事件，可以通过重复实验来得到该随机事件发生的概率，以此频率来近似替代该事件发生的概率。具体思路如下。

1. 策略估计和策略改进

在策略迭代算法中的策略估计部分，由于中间动作（或状态）的奖励 R 是已知的，所以只要按照当前策略走一遍，就可以得到当前状态的价值。而在无模型的强化学习方法中，由于不知道中间动作（或状态）的奖励，所以如果想要知道某个状态的价值，就需要从这个状态出发，按照当前策略，走完多个回合并得到多个累积奖励，然后计算多个累积奖励的平均值作为当前状态的价值，即用采样去逼近真实的值，以"Frozen Lake"游戏为例，如图 6-5 所示。

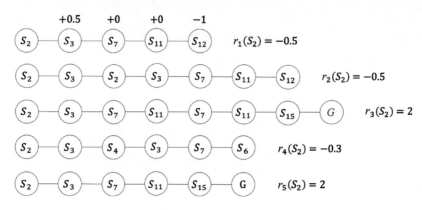

图 6-5　从 S_2 状态出发的多条路线的累积奖励

假设以 S_2 状态为例，从 S_2 状态出发直到终止状态，可以有多条路径，每条路径都可以得到一个累积奖励，将所有累积奖励的平均值作为当前状态 S_2 的状态价值，即

$$V(S_2) = \frac{(-0.5) + (-0.5) + 2 + (-0.3) + 2}{5} = 0.54$$

仔细观察图 6-5 会发现，例如第二条路径，S_2 状态和 S_3 状态都被访问了两次。根据计算每条路径的累积奖励的方式不同，蒙特卡罗方法可以分为两种：First-Visit Monte Carlo 和 Every-Visit Monte Carlo。在 First-Visit Monte Carlo 方法中，不管一个状态被访问了多少次，在计算累积奖励的时候只考虑第一次的访问。而在 Every-Visit Monto Carlo 方法中，如果一个状态被多次访问，则在计算累积奖励的时候，每一次的访问都会被考虑在内。

目前我们只考虑了状态的价值，同样的方法可以得到状态 - 动作价值（Q 值）：在状态 S 下采取动作 a，之后遵循当前策略 π 获得的累计期望奖励就是 $Q^\pi(s,a)$ 的价值。

在得到 Q 值函数后，策略改进的方法就和前面策略迭代方法中的策略改进方法一样，即利用当前的 Q 值函数更新策略（策略就是采取具有最大 Q 值的那个动作），如果更新后的策略与之前的策略一致，则说明已经收敛，策略求解结束，否则继续执行策略估计。蒙特卡罗算法如下所示：

```
Initialization:
    Initial a polic π
    For s in S:
        For a in A:
            Initial Q(s,a) and Return(s,a)
            c(s,a)=0
For i in range(k):
    Generate an episode using π
    For each state s appearing in the episode:
        G ← the return that follows the first occurrence of s
        Q(s_t,a_t)=(c(s_t,a_t)*Q(s_t,a_t)+G)/(c(s_t,a_t)+1)
        c(s_t,a_t)++
    end for
    update policy π(s)=argmaxQ(s,a)
end for
```

2. 环境探索

在策略估计的时候还存在一个问题，我们想通过计算策略 π 下，从状态 S 出发的多个路径的平均累积奖励，然而，一旦确定了这个策略 π，那么每次采取的动作必然有 $a_t = \pi(s_t)$，能够采取的动作也就确定了，所以不管走多少个回合，路径都是一样的，如此一来就没法进行策略估计了。此时需要环境探索，常用的方式有 ε 贪心（ε-Greedy）搜索。

ε 贪心搜索方法具体过程是：首先初始一个概率 ε，在进行策略估计的时候，以 ε 的概率随机选择一个动作，以 $1-\varepsilon$ 的概率去根据当前的策略选择动作。考虑到刚开始进行策略估计的时候，应该更注重对环境的探索，而随着策略慢慢地改进，则应该更注重策略的利用。所以，初始的 ε 值较大，随着策略的不断改进，慢慢减小 ε 的值。

3. 确定性的和非确定性的环境状态

"Frozen Lake" 游戏有"无风"和"有风"两种游戏模式。"无风"模式下，游戏环境是确定的，即智能体执行一个动作（例如右移或下移）后，到达的下一个状态是确定的，并且得到的奖励也是确定的，而在"有风"模式下，环境状态则不确定了。蒙特卡罗算法考虑的是非确定性的环境状态，所以采用取平均值的方式，希望能够近似替代真实的状态价值。如果是确定性的环境状态的话，就可以省去取平均值的操作，直接赋值为 $Q(s_t,a_t) = G$。

4．在策略和离策略

在策略（On-policy）和离策略（Off-policy）是强化学习问题中常见的两个概念。在智能体进行策略估计的时候，需要使用一些办法来进行环境的探索，如 ε 贪心搜索。在这种情况下，我们学到的策略 π 其实是带探索的策略；而如果在进行策略改进的时候，也使用该策略的话，则会导致我们最终得到的策略也是带探索的策略。策略估计和策略改进都用的是这种带探索的策略，这种情况称为在策略。

然而我们更希望最终智能体学到的策略是不带探索的，尽管在策略评估的时候避免不了使用带有探索的策略，但是在策略改进的时候，我们可以有一些方法抵消掉探索对策略的影响。只在策略估计的时候使用带探索的策略，而在策略改进的时候只考虑不带探索的策略，这种情况称为离策略。在蒙特卡罗方法中，我们可以使用重要性采样（Importance Sampling）技术实现离策略的算法。

6.4.2　时序差分学习

时序差分学习（Temporal-Difference Learning）是另一种无模型的强化学习方法。蒙特卡罗方法不足的地方是它只能应用于回合步数有限的情况（因为蒙特卡罗方法只有在一个回合结束并得到一个奖励后，才能去更新一个状态的价值），然而现实问题中，很多问题并不能在有限的步数里结束，例如无人驾驶和机器人控制，而时序差分学习则可以应用于这类回合持续时间很长的任务。

1．蒙特卡罗更新和时序差分更新

在蒙特卡罗方法里，我们都是利用一个回合结束后得到的奖励来更新当前 Q 值的，这种更新的方式称为蒙特卡罗更新。我们希望可以尽早更新 Q 值，而不是只有等到一个回合结束之后才能更新，这就是时序差分更新。

在蒙特卡罗算法中，更新 Q 值的公式为

$$Q(s_t,a_t) = (c(s_t,a_t) \times Q(s_t,a_t) + G)/(c(s_t,a_t)+1) \qquad \text{（式 6-12）}$$

式 6-12 是将所有的累积奖励取平均值，假设 $c(s_t,a_t) = k$，并用 G_i 表示第 i 次得到的奖励

的话，式 6-12 可以表示为

$$Q(s_t, a_t) = \frac{1}{k+1}(G_i + k \cdot Q(s_t, a_t)) = \frac{1}{k+1}(G_i + k \cdot Q(s_t, a_t) + Q(s_t, a_t) - Q(s_t, a_t))$$

$$= Q(s_t, a_t) + \frac{1}{k+1}(G_i - Q(s_t, a_t)) \tag{式 6-13}$$

我们将式 6-13 中的 $\dfrac{1}{k+1}$ 看作一个参数 α，即学习率，学习率的存在是为了 Q 值最终收敛，并且该参数的值随着时间递减。现在将式 6-13 改写为一个更常用的形式：

$$Q(s_t, a_t) = Q(s_t, a_t) + \alpha(G - Q(s_t, a_t)) \tag{式 6-14}$$

上式中的 $G - Q(s_t, a_t)$ 称为蒙特卡罗误差。事实上，$Q(s_t, a_t)$ 的值其实就是智能体在状态 s_t 下，执行动作 a_t 后，沿着当前策略走下去后所能得到的累积奖励的期望，是对奖励的一个估计值。而蒙特卡罗算法中走完一个回合后得到的 G 是真实的奖励值，时序差分学习希望用这个估计的奖励值替代真实的奖励值。因此，时序差分方法更新 Q 值的公式为

$$Q(s_t, a_t) = Q(s_t, a_t) + \alpha(r_{t+1} + \gamma Q(s_{t+1}, a_{t+1}) - Q(s_t, a_t)) \tag{式 6-15}$$

式 6-15 中的 $r_{t+1} + \gamma Q(s_{t+1}, a_{t+1}) - Q(s_t, a_t)$ 称为时序差分误差（即 TD 误差），$r_{t+1} + \gamma Q(s_{t+1}, a_{t+1})$ 是式 6-14 中 G 的近似值，如果去掉式 6-15 中的折扣因子 $\gamma (0 \leqslant \gamma \leqslant 1)$，则有

$$r_{t+1} + Q(s_{t+1}, a_{t+1}) = r_{t+1} + r_{t+2} + r_{t+3} + \cdots = G$$

在介绍蒙特卡罗方法的时候，我们说到了确定性的和非确定性的环境状态，在时序差分学习方法中，如果环境状态是确定的，则 Q 值的更新公式为

$$Q(s_t, a_t) = r_{t+1} + \gamma Q(s_{t+1}, a_{t+1}) \tag{式 6-16}$$

2. Sarsa 算法

Sarsa 算法是时序差分学习的在策略版本，Sarsa 算法的伪代码如下所示：

```
For s in S:
    For a in A:
        Initialize Q(s,a)
For i in range(k):
    Initialize S
    Choose a using policy derived from Q (e.g. ε-greedy)
```

```
Repeat (for each step of episode):
    Take action a,observe r and s
    Choose a' using policy derived from Q (e.g. ε-greedy)
    Q(s, a) ← Q(s, a) + α[R + γQ(s',a') - Q(s, a)]
    s ←s'; a ← a'
until s is terminal
End for
```

3. Q-Learning 算法

Q-Learning 算法是时序差分学习方法的离策略版本，Q-Learning 算法的伪代码如下：

```
For s in S:
    For a in A:
        Initialize Q(s,a)
For i in range(k):
    Initialize S
    Repeat (for each step of episode):
        Choose a using policy derived from Q (e.g. ε-greedy)
        Take action a,observe r and s
        Q(s, a) ← Q(s, a) + α[R + γmax(Q(s',a')) - Q(s, a)]
        s ← s'
    until s is terminal
End for
```

在时序差分学习方法中，在策略的 Sarsa 算法使用估计的策略采取动作，而离策略的 Q-Learning 算法选择所有可能的下一动作中 Q 值最大的动作（即 Q-Learning 有一个专门用来产生行为的策略）。

如果在确定性的环境状态下，Q-Learning 的 Q 值的更新方式可以简化为

$$Q(s_t,a_t) \leftarrow r_{t+1} + \gamma\max(Q(s_{t+1},a_{t+1}))$$ （式 6-17）

这里我们介绍的 Sarsa 算法和 Q-Learning 算法均为单步更新算法，即时序差分误差都只用来更新前一个值。我们可以通过使用资格迹（Eligibility Trace）来实现多步的更新，有关资格迹的讨论不在本书的范围。

6.4.3　值函数近似

在前面介绍的所有强化学习算法中，我们所有的状态 - 动作价值（Q 值）或状态价值（V 值）都是存放在表中的，这种方法在状态空间和动作空间都不大的情况下还适用，一旦状态空间和动作空间变得很大，那么表格的尺寸也会变得很大，有时甚至大到无法存储（例如围棋），即使能够存储，算法的效率也会受到很大影响。而且如果是连续的状态和动作（例如无人驾驶），使用表格势必会将状态和动作离散化，这可能会导致误差。因此，我们想用一个函数来近似地表示 Q 值表（或 V 值表），这种方法称为值函数近似（Value Function Approximation）。

利用函数去逼近 Q 值表（或 V 值表）的问题可以看作一个回归问题，以 Q-Learning 为例，我们定义一个回归器 $Q(s, a \mid \theta)$，其中 θ 是一个参数向量。输入的数据是状态 - 动作对 (s_t, a_t)，希望输出的是 $r_{t+1} + \gamma \max(Q(s_{t+1}, a_{t+1}))$ 的值，因此，误差函数可以定义为

$$[Q(s_t, a_t) - (r_{t+1} + \gamma \max(Q(s_{t+1}, a_{t+1})))]^2$$

具体这个回归器的选择，可以是一个线性的模型，也可以是一个非线性的模型，例如神经网络。

6.4.4　策略搜索

1. 基于值函数（Value-based）和基于策略函数（Policy-based）

前面介绍的所有方法都是先把 V 值或者 Q 值估计出来，再从中推导出策略，我们称这一类方法为基于值函数（Value-based）的方法。使用基于值函数的方法可以采用表格的形式，如果使用函数近似的话，就会出现策略退化问题。为了解决这个问题，我们可以直接去寻找策略，而不是通过值函数来导出策略，这种直接学习策略的方法称为基于策略函数（Policy-based）的方法。我们一般直接在策略空间中搜索得到最优策略，该方法称为策略搜索（Policy Search）。

2. 策略梯度

在策略搜索中，可以使用基于梯度的方式来优化策略，这种方法称为策略梯度（Policy Gradient）。假设策略函数为 $\pi_\theta(a \mid s)$，θ 为这个函数的参数，目标函数则可定义为

$$J(\theta) = \int P_\theta(\tau) R(\tau) \mathrm{d}\tau \qquad\text{（式 6-18）}$$

有了目标函数 $J(\theta)$，可以使用梯度上升的方法来优化参数 θ 使得目标函数 $J(\theta)$ 增大，梯度就是函数 $J(\theta)$ 关于参数 θ 的导数，即

$$
\begin{aligned}
\frac{\partial J(\theta)}{\partial \theta} &= \frac{\partial}{\partial \theta}\int P_\theta(\tau)R(\tau)\mathrm{d}\tau \\
&= \mathbb{E}\left[\sum_{t=0}^{T-1}\left(\frac{\partial}{\partial \theta}\log\pi_\theta(a_t,s_t)\gamma^t G(\tau_{t:T})\right)\right]
\end{aligned}
\qquad \text{（式 6-19）}
$$

上式中 $G(\tau_{t:T})$ 是从起始时刻 t 直至结束后得到的累积奖励。

3. Monte Carlo Policy Gradient 算法

在前面介绍蒙特卡罗方法的时候介绍过，期望可以通过采样的方法近似。对于当前的策略 π_θ，可以通过让智能体在环境中运行，得到多条运动轨迹。对于每一条运动轨迹，可以计算每个时刻的梯度，将得到的梯度乘以一个学习率用来更新参数。这就是 Monte Carlo Policy Gradient 算法（或称 REINFORCE 算法），伪代码如下所示：

```
Input: a differentiable policy parameterization πθ(a|s)
Initialize policy parameter θ
Repeat:
    Generate an episode   τ: S₀,A₀,R₁,···,S_{T-1},A_{T-1},R_T,following πθ(a|s)
    For each step of the episode t = 0,···,T-1:
        G ← return from step t
```
$$
\theta \leftarrow \theta + \alpha\gamma^t G(\tau_{t:T})\frac{\partial}{\partial \theta}\log\pi_\theta(a_t|s_t)
$$
```
    End
Until θ is converged
Output: πθ
```

4. Actor-Critic 算法

在 Monte Carlo Policy Gradient 算法中，只有每次都要走完一条完整的轨迹才能得到累积奖励，我们希望像时序差分方法一样，可以实现单步更新。Actor-Critic 算法是一种结合了策略梯度和时序差分的强化学习方法。

在 Actor-Critic 算法中，既要学习策略 $\pi_\theta(a\mid s)$，同时还要学习值函数 $V_\phi(s)$，伪代码如下所示：

```
Input: a differentiable policy parameterization πθ(a|s)
Input: a differentiable state-value parameterization Vφ(s)
Repeat:
```

```
    Initialize state s
λ=1
    Repeat:
        On state s, choose an action a = πθ(a|s)
        Execute a, get reward r and new state s'
```

$$\delta \leftarrow r + \gamma V_\varnothing(s') - V_\varnothing(s)$$

$$\varnothing \leftarrow \varnothing + \beta\lambda\delta \frac{\partial}{\partial\varnothing} V_\varnothing(s) \quad \text{# 更新值函数的参数}$$

$$\theta \leftarrow \theta + \alpha\lambda\delta \frac{\partial}{\partial\theta} \log \pi_\theta(a|s) \quad \text{# 更新策略函数的参数}$$

$$\lambda \leftarrow \gamma\lambda$$

$$s \leftarrow s'$$

```
        until s is terminal
    until θ is converged
    Output: πθ
```

6.5 强化学习算法

前面介绍了 Q-Learning、Monte Carlo Policy Gradient 和 Actor-Critic 这三个强化学习算法。这一节将使用这三个算法去玩 Gym 工具包提供的三个小游戏，借此来加深对强化学习算法的理解。关于 Gym 工具包的安装，可以参考官方文档。注意，如果使用"pip"安装，要使用我们之前配置的"apip"。

6.5.1 Q-Learning 算法

这一节将使用 Q-Learning 算法玩"Frozen Lake"游戏。使用的版本是"FrozenLake8X8-V0"，是"8×8"大小的，只有默认的"有风"模式，如图 6-6 所示。

图 6-6 中"S"代表"起始位置"，"G"代表"目标位置"，"F"代表"冰面"，"H"代表"冰窟窿"。该游戏一共有 64（8×8）个状态，每个状态下有四个可以执行的动作（"左移""下移""右移"和"上移"）。当智能体到达目标位置后，会得到奖励值 1，其他位置奖励值都为 0。

需要注意的是，如果智能体处在边界状态，例如开始状态"S"，此时采取向边界外移动的动作"左"或"上"都是合法的，只是智能体的状态不发生改变（除非受风的影响，状态改变）。另外，当智能体移动到"H"或"G"状态后，游戏结束。

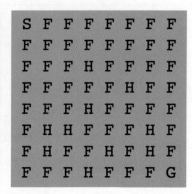

图 6-6 "FrozenLake8×8-V0"游戏示意图

首先导入所需要的包,并初始化一些相关的参数:

```
1   import gym
2   import numpy as np
    import random as rd
3
4   # 注册游戏环境
5   env = gym.make('FrozenLake8x8-v0')
6   # 定义 Q 值表,初始值设为 0
7   Q = np.zeros([env.observation_space.n, env.action_space.n])
8   # 设置学习参数
9   learningRate = 0.85
10  discountFactor = 0.95
11  # 定义一个数组,用于保存每一回合得到的奖励
12  rewardList = []
```

第 5 行代码的作用是注册一个游戏环境,传入的参数是要注册的游戏名称,这里注册的是"FrozenLake8x8-v0"游戏,也可以换成其他游戏,例如后面会用到的"CartPole-v1"和"Acrobot-v1"。在本节所附代码中,还给出了"FrozenLake-v0"的两种模式("有风"和"无风")的代码实现,前面提到了"确定性的"和"非确定性的"环境状态的两种情况下更新 Q 值的方式有所不同,感兴趣的读者可以查看和运行所附代码,做一下对比。

第 7 行代码定义了 Q 值表,并将初始值设为 0。其中"env.observation_space.n"和"env.action_space.n"分别是"FrozenLake8x8-v0"这个游戏的状态空间和动作空间,其值分别为 64 和 4，所以该 Q 值表的大小为 64×4。

第 9 行和第 10 行代码设置了学习参数，"learningRate"和"discountFactor"分别是 Q-Learning 算法中更新 Q 值的公式中的学习率和折扣因子。

第 12 行代码定义了一个数组"rewardList"用来保存每个回合得到的累积奖励，"FrozenLake8x8-v0"游戏只有在智能体到达目标位置后才会得到奖励值 1，其余状态的奖励值均为 0，所以在所有回合都结束后，将"rewardList"数组的元素值相加，其值即为所有回合中成功到达目标位置的回合数，用该值除以"rewardList"数组的长度就可以得到成功率（成功到达目标位置的回合数 / 总的回合数）。

接下来实现 Q-Learning 算法的核心部分：

```
13 def train():
14     for i_episodes in range(20000):
15         # 重置游戏环境
16         s = env.reset()
17         i = 0
18         # 学习 Q-Table
19         while i < 2000:
20             i += 1
21             # 使用带探索（ε 贪心算法）的策略选择动作

22             a = epsilon_greedy(Q, s, i_episodes)
23             # 执行动作，并得到新的环境状态、奖励等
24             observation, reward, done, info = env.step(a)
25             # 更新 Q 值表
26             Q[s, a] = (1-learningRate) * Q[s, a] + learningRate * (
                   reward + discountFactor * np.max(Q[observation, :]))
27             s = observation
28             if done:
29                 break
```

这部分代码实现了对 Q 值表的学习，这里一共执行了 20 000 个回合。第 16 行代码是重置游戏环境，此时智能体位于开始位置。第 19 行代码设置循环的目的，是确保智能体能够走到游戏结束状态（智能体可能到达了目标位置，也可能掉进了"冰窟窿"）。

第 22 行代码使用了带探索的策略（ε 贪心算法）来选取动作，"epsilon_greedy"函数的实现稍后介绍。第 24 行代码执行了前一步选择的动作，并得到相应的反馈信息，其中，"observation"是执行这个动作后得到的新的环境状态，"reward"是执行这个动作后得到的奖励，"done"是一个布尔类型的数据，当"done"的值为 True 时代表游戏结束。"info"是用于调试程序的诊断信息。

第 26 行代码就是 Q-Learning 算法中对于 Q 值的更新，算法中更新 Q 值的公式为

$$Q(s,a) \leftarrow Q(s,a) + \alpha[R + \gamma \max(Q(s',a')) - Q(s,a)] \qquad （式 6-20）$$

将式 6-20 稍作变换即为

$$Q(s,a) \leftarrow (1-\alpha)*Q(s,a) + \alpha[R + \gamma \max(Q(s',a'))] \qquad （式 6-21）$$

第 27 行代码更新了当前的环境状态，第 28 行代码判断一个回合的游戏是否结束。接下来再看如何使用带探索的策略来选择动作，即如何对环境进行探索。代码如下：

```
30 def epsilon_greedy(q_table, s, num_episodes):
31     rand_num = rd.randint(0, 20000)
32     if rand_num > num_episodes:
33         # 随机选择一个动作
34         action = rd.randint(0, 3)
35     else:
36         # 选择一个最优的动作
37         action = np.argmax(q_table[s, :])
38     return action
```

这里使用 ε 贪心搜索方法来对环境进行探索，ε 贪心搜索以概率 ε 从所有可能的动作中随机选取一个动作（即对环境进行探索），以 1-ε 的概率选择已知的最好的动作（即当前状态下，Q 值最大的那个动作）。需要注意的是，对于环境的探索应主要集中在学习 Q 值表的开始阶段，随着 Q 值表的完善，我们应更注重对于 Q 值表的使用。所以，初期，ε 的值应更大一些（即注重对环境的探索），随后逐渐减小 ε 的值（即注重对于 Q 值表的使用）。

第 31 行代码生成一个介于 0 到 20 000 之间（包括 0 和 20 000）的随机整数"rand_num"，"num_episodes"是当前的回合数（一共有 20 000 个回合，标号从 0 到 19 999），当"rand_num"的值大于当前的回合数"num_episodes"时，从所有合法动作中随机选择一个动作，否则选择一个最优的动作。当"num_episodes"的值很小时，"rand_num"的值大于"num_episodes"的概率更大，而随着回合数的增加，"rand_num"的值小于"num_episodes"

的概率变得更大，从而实现 ε 的值随着回合数的增加而递减。

第 34 行代码随机选择了一个动作，0 到 3 分别对应动作"左移""下移""右移"和"上移"。第 37 行代码选择了当前状态 s 下最优的动作。

还有一种简单的方法也可以实现对环境的探索，不需要"epsilon_greedy"函数，直接把第 22 行代码改为如下形式：

```
22 a = np.argmax(Q[s, :] + np.random.randn(1, env.action_space.n)
                        * (1. / (i_episodes + 1)))
```

这里我们通过给当前状态的 Q 值（4 个动作对应 4 个 Q 值）分别加上一个随机数来影响动作的选择，由于随机数的原因，当前动作的选择也具有了随机性，另外给随机数乘上了一个折扣率，并且随着回合数的增加，折扣率越来越小，这个随机数对于动作选择的影响也越来越小，从而实现对环境的探索。

接下来写一个测试函数，利用学到的 Q 值表来玩"FrozenLake8×8-v0"游戏。

```
39 def test():
40     for i_episodes in range(100):
41         # 重置游戏环境
42         s = env.reset()
43         i = 0
44         total_reward = 0
45         while i < 500:
46             i += 1
47             # 选择一个动作
48             a = np.argmax(Q[s, :])
49             # 执行动作，并得到新的环境状态、奖励等
50             observation, reward, done, info = env.step(a)
51             # 可视化游戏画面（重绘一帧画面）
52             env.render()
53             # 计算当前回合的总奖励值
54             total_reward += reward
55             s = observation
56             if done:
57                 break
58         rewardList.append(total_reward)
```

在测试代码中，我们一共玩了 100 个回合，其中使用了一个参数"total_reward"来统计每一回合得到的累积奖励，当智能体掉进"冰窟窿"或者到达目标位置后，一回合的游戏结束，此时"total_reward"的值分别为 0 和 1。最后执行完整的程序：

```
59 train()
60 test()
61
62 print("Final Q-Table Values: ")
63 print(Q)
64 print("Success rate: " + str(sum(rewardList) / len(rewardList)))
```

在第 63 行代码中我们输出了最终的 Q 值表，是一张 16×4 的表，其中行代表状态（从状态 1 到状态 64，对应图 6-6，状态从上到下、从左至右进行编号），列代表动作（下标 0 到 3 分别对应动作"左移""下移""右移""上移"）。在第 64 行代码，我们用成功到达目标位置的回合数"sum(rewardList)"除以总的回合数"len(rewardList)"得到了智能体玩"FrozenLake8x8-v0"游戏的成功率。

只需将"train()"函数稍作修改，我们就可以得到 Q-Learning 算法的在策略（on-policy）版本的 Sarsa 算法。在本节所附的代码中，我们给出了 Sarsa 算法实现的版本。

6.5.2 Monte Carlo Policy Gradient 算法

"CartPole-v1"是 Gym 中一个控制类的游戏，如图 6-7 左所示：一根杆子的一端连接在一个小车上，由于重力的原因，杆子会发生倾斜，当杆子倾斜到一定程度后就会倒下。游戏的任务就是通过左右移动底部的小车来保持杆子竖直向上，一旦杆子倒下，游戏就结束了。

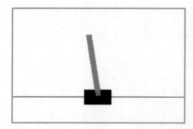

编号	环境信息	最小值	最大值
0	小车的位置	-2.4	2.4
1	小车的速度	-∞	∞
2	杆子的倾斜角度	−41.8°	41.8°
3	杆顶端移动速度	-∞	∞

图 6-7 "CartPole-v1"游戏示意图

"CartPole-v1"游戏的环境状态由四部分组成，如图 6-7 右侧表格所示。游戏中小车只有两个动作可以做，分别是向左移动和向右移动（其值分别为 0 和 1）。每做一次动作，如果杆子没有倒下，则得到奖励值 1。

根据蒙特卡罗策略梯度（Monte Carlo Policy Gradient）算法，我们需要一个可微分的策略函数 $\pi_\theta(a \mid s)$。"CartPole-v1" 游戏只有两个动作，可以简单地把它看成一个二分类问题，因此我们选择最简单的 Logistic 函数作为策略函数：

$$S(x) = \frac{1}{1 + e^{-x}} \qquad\text{（式 6-22）}$$

Logistic 函数只有一个变量 x，"CartPole-v1" 的游戏环境由 4 个因素组成，如果我们全部考虑在内的话，那么策略函数应当至少有 4 个参数，分别定义为 θ: $\rho_1, \rho_2, \rho_3, \rho_4$，假设环境的 4 个因素分别为 $\lambda_1, \lambda_2, \lambda_3, \lambda_4$，则令 Logistic 函数中的变量 x 为

$$x = \rho_1 \times \lambda_1 + \rho_2 \times \lambda_2 + \rho_3 \times \lambda_3 + \rho_4 \times \lambda_4 \qquad\text{（式 6-23）}$$

选定策略函数之后，就可以实现使用策略来做动作选择的代码：

```
1  def policy_function(observation, theta):
2      # 根据当前的状态值和策略函数的参数值计算策略函数的输出
3      x = np.dot(theta, observation)
4      s = 1 / (1 + np.exp(-x))
5      # 根据策略函数的输出进行动作选择
6      if s > 0.5:
7          action = 1
8      else:
9          action = 0
10     return s, action
```

在第 3 行和第 4 行代码中，根据环境信息（小车的位置、小车移动速度、杆子的倾斜角度及杆子顶端的运动速度）和策略函数的参数值计算得到了策略函数的输出值（由于选择了 Logistic 函数作为策略函数，所以其值域为 (0,1)），当策略函数的输出值大于 0.5 时，选择向右移动的动作，否则向左移动。

现在我们有了策略函数，也实现了由策略函数选择动作的代码，接下来需要考虑如何使用梯度的方式对策略函数的参数进行更新。根据蒙特卡罗策略梯度算法的描述，要实现对参数的更新，我们需要有一个完整的游戏 "情节"（Episode）。定义一个获取 "episode" 的函数：

```
11 def generate_an_episode(env, theta):
12 # 定义一个数组用来保存整段 "情节"
13     episode = []
```

```
14          # 重置游戏环境
15      pre_observation = env.reset()
16          # 定义一个变量，用来统计采取动作的次数
17      count_action = 0
18
19      # 产生一个 Episode
20      while True:
21          # 根据策略选择动作
22          s, action = policy_function(theta, pre_observation)
23          # 执行选择的动作并得到反馈信息（新的环境状态、奖励等）
24          observation, reward, done, info = env.step(action)
25          # 保存这一步的信息
26          episode.append([pre_observation, action, s, reward])
27          # 更新环境状态
28          pre_observation = observation
29          # 累计执行的动作，如果智能体执行了超过 5000 次动作后，杆子还没倒下的话，则主动结束游戏
30          count_action += 1
31          if done or count_action > 5000:
32              break
33      return episode
```

第 13 行代码定义了一个数组 "episode"，用来保存智能体在玩游戏时产生的整段 "episode" 中的每一步的信息。从第 24 行代码可以看到，"episode" 数组的每一个元素又是一个长度为 4 的数组，其元素分别为当前的环境状态信息、当前环境状态下所采取的动作、策略函数的输出值，以及当前环境状态下执行了根据策略选择的动作后得到的奖励值。除了动作，其余的数据我们在后面更新策略函数的参数的时候都会用到。

在第 17 行代码中，我们定义了一个变量用来累积执行动作的次数，目的是让游戏能在有限的时间内结束。在第 31 行代码中，我们将这个值确定为 5000，即如果智能体执行了 5000 次动作后，杆子还没有倒下，那么就主动结束游戏，因为这时候智能体已经能够把 "CartPole-v1" 游戏玩得很好了。

第 22 行代码是将当前的环境状态以当前的策略函数的参数代入策略函数中，由策略来选择下一个要执行的动作。接着第 24 行代码执行了这个动作，并在第 28 行代码更新了环境的状态信息，继续游戏。

接下来实现算法的主体部分，即使用梯度上升的方法优化策略函数的参数 θ，使得智能体得到的累积奖励值更大。

```
34 def monte_carlo_policy_gradient(env):
35 # 初始化参数（学习率和折扣因子）
36     learning_rate = -0.0002
37     discount_factor = 0.95
38
39     # 随机初始化策略函数的参数 theta
40     theta = np.random.rand(4)
41
42     # 让智能体玩 2000 个回合
43     for i in range(2000):
44         # 生成一条完整的游戏情节 Episode
45         episode = generate_an_episode(env, theta)
46
47         # 使用梯度上升的方法优化策略函数的参数
48         for t in range(len(episode)):
49             observation, action, s, reward = episode[t]
50             # 根据蒙特卡罗策略梯度算法中的公式更新参数 theta
51             theta += learning_rate * discount_factor ** t * reward *\
                         s * (1 - s) * (-observation)
52     # 测试策略的性能
53     reward = test(env, theta)
54     print('Total reward: ', reward)
```

首先初始化学习率和折扣因子，然后随机初始化了策略函数的参数 θ。这里我们一共让智能体玩了 2000 个回合的游戏，每一个回合的游戏都会生成一条完整的游戏情节 Episode。从第 48 行到第 51 行代码，利用这 2000 个 Episode 对策略函数的参数进行优化。核心在于第 51 行代码中的" s*(1−s)*(−observation)"是策略函数对参数 θ 的导数的计算结果。

到这里，实现蒙特卡罗策略梯度算法玩" CartPole-v1"游戏的主要代码都写完了，我们想要知道实际的效果怎么样，所以在第 53 行代码中，我们调用了一个测试函数：

```
55 def test(env, theta):
56     # 重置游戏环境
```

```
57      observation = env.reset()
58      total_reward = 0.
59
60      # 智能体最多执行 3000 个动作（即奖励值达到 3000 后就结束游戏）
61      for i in range(3000):
62          # 可视化游戏画面（重绘一帧画面）
63          env.render()
64          # 使用策略函数选择下一个动作
65          s, action = policy_function(theta, observation)
66          # 执行动作
67          observation, reward, done, info = env.step(action)
68          # 计算累积奖励
69          total_reward += reward
70
71          if done:
72              break
73      return total_reward
```

最后定义一个程序的入口"main"函数：

```
74  if __name__ == "__main__":
75      # 注册游戏环境
76      game_env = gym.make('CartPole-v1')
77      # 取消限制
78      game_env = game_env.unwrapped
79      # 让智能体开始学习玩"CartPole-v1"游戏
80      monte_carlo_policy_gradient(game_env)
```

第 78 行代码中"unwrapped"的目的是取消 Gym 中对于游戏的各种限制，例如，在"CartPole-v1"游戏中，如果不加这一行代码，那么智能体最多只能执行 500 个动作（即奖励值最高为 500），超过这个值后，游戏就自动结束。

6.5.3 Actor-Critic 算法

在这一节将使用 Actor-Critic 算法解决 Gym 的过山车（MountainCar）问题。如图 6-8 的左图所示，小车位于两座山之间，其目标是抵达右侧山峰插着黄色小旗的位置。小车的动力无法让其一次性到达目标位置，需要通过来回行驶增加动力。游戏的环境信息如图 6-8 的右侧表格所示，主要由小车的位置信息和速度信息两部分组成，黄色小旗在 0.5 的位置。在这个游戏中，我们的智能体（即小车）可以执行三个动作：施加一个向左的力、不施加力，以及施加一个向右的力，可以通过数值 "0、1 和 2" 来控制这三个力。

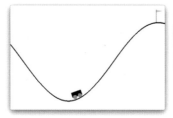

编号	环境信息	最小值	最大值
0	小车的位置	-1.2	0.6
1	小车的速度	-0.07	0.07

图 6-8　"MountainCar-v0" 游戏示意图

首先导入需要的包：

```
1  import gym
2  import numpy as np
3  import random
```

接着实现策略函数部分：

```
4  def policy_function(observation, theta):
5      weight = np.dot(theta, observation)
6
7      # 采用 ε 贪心搜索对环境进行探索
8      rand_num = random.random()
9      epsilon = 0.8
10     if rand_num > epsilon:
11         # 随机选择一个动作
12         s = 0
13         action = random.randint(0, 2)
14     else:
15         # 策略函数：y=[e^x-e^(-x)]/[e^x+e^(-x)]
16         s = (np.exp(weight) - np.exp(-weight)) / (np.exp(weight) +
                np.exp(-weight))
17         if s < -0.3:
18             action = 0  # 施加一个向左的力
```

```
19          elif s > 0.3:
20              action = 1    # 不施加力
21          else:
22              action = 2    # 施加一个向右的力
23
24      return s, action
```

这里使用函数 $y = [e^x - e^{-x}]/[e^x + e^{-x}]$ 作为策略函数，第 5 行代码将参数 θ 与环境参数的点积作为策略函数的参数。我们使用了 ε 贪心搜索对环境进行探索，以 0.8 的概率根据当前的策略来选取动作，以 0.2 的概率随机选取动作。在第 17 行至第 22 行代码中，由于策略函数的值域为 (–1,1)，所以将其划分为三块，当 "s" 的值落在不同部分时执行不同的动作。

接下来实现 Actor 部分：

```
25  def actor(env, observation, theta, pre_phi, phi, df_gamma, df_lambda):
26      # 学习率
27      alpha = 0.001
28      while True:
29          # 根据当前策略选择动作
30          s, action = policy_function(observation, theta)
31
32          pre_observation = observation
33
34          # 执行选择的动作并得到反馈信息（新的环境状态、奖励等）
35          observation, reward, done, info = env.step(action)
36
37          # 可视化游戏画面（重绘一帧画面）
38          env.render()
39
40          delta, pre_phi, phi = critic(pre_phi, phi, pre_observation,
                  observation, reward, df_gamma, df_lambda)
41
42          # 更新策略函数的参数 theta
43          theta += alpha * df_lambda * delta * (1 - s * s) * (-pre_
                  observation)
44
45          df_lambda *= df_gamma
46
```

```
47          # 游戏结束后重置环境
48          if done:
49              observation = env.reset()
```

Actor 和 Critic 部分的代码完全依照 Actor-Critic 算法实现。第 30 行代码根据策略选取待执行的动作，第 35 行代码通过执行动作获取环境的反馈信息。第 40 行代码调用 critic 函数，这里返回的 delta 值反映了当前动作的好坏，我们用该值来优化策略函数。第 43 行代码中的 "(1 - s * s) * (-pre_observation)" 是策略函数 $\pi_\theta(s,a)$ 对 θ 求导的结果。

```
50 def critic(pre_phi, phi, pre_observation, observation, reward, df_
      gamma, df_lambda):
51      # 学习率
52      beta = 0.001
53
54      # 计算当前状态的价值
55      v = np.dot(phi, observation)
56      v = 1 / (1 + np.exp(-v))
57      # 计算上一状态的价值
58      pre_v = np.dot(pre_phi, pre_observation)
59      pre_v = 1 / (1 + np.exp(-pre_v))
60
61      delta = reward + df_gamma * v - pre_v
62
63      pre_phi = phi
64      # 更新价值函数的参数 phi
65      phi += beta * df_lambda * delta * pre_v * (1 - pre_v) * (-pre_
         observation)
66
67      return delta, pre_phi, phi
```

第 55 行至第 59 行代码计算了当前状态的价值和执行动作 a 之前的状态的价值。以 $1/(1+e^{-x})$ 作为状态价值函数。第 61 行代码用 $Q_\pi(s,a)-V_\pi(s)$ 来评判动作 a 的好坏，并用其来优化价值函数。第 65 行代码中的 "pre_v * (1 - pre_v) * (-pre_observation)" 是价值函数对参数 ϕ 的导数。

接着定义一个 actor_critic 函数：

```
68 def actor_critic(env):
```

```
69      observation = env.reset()
70
71      # 随机初始化策略函数和状态价值函数的参数
72      theta = np.random.rand(2)
73      phi = np.random.rand(2)
74      pre_phi = phi
75
76      # 折扣因子
77      df_gamma = 0.9
78      df_lambda = 1
79
80      actor(env, observation, theta, pre_phi, phi, df_gamma, df_lambda)
```

第 72 行和第 73 行代码随机初始化了策略函数和状态价值函数的参数，因为游戏的环境由两个因素构成，因此这里参数定义为长度为 2 的数组。最后让智能体开始学习：

```
81  if __name__ == "__main__":
82      # 注册游戏环境 MountainCar-v0
83      game_env = gym.make('MountainCar-v0')
84      # 取消限制
85      game_env = game_env.unwrapped
86      # 开始学习玩 "MountainCar-v0" 游戏
87      actor_critic(game_env)
```

6.6 深度强化学习算法

传统的强化学习算法适用于动作空间和状态空间都较小的情况，然而在实际的任务中，动作空间和状态空间往往都很大的，对于这种情况，传统的强化学习算法难以处理。而深度学习算法擅于处理高维的数据，两者结合之后的深度强化学习算法在很多任务中取得了非常不错的效果。这里主要介绍较为典型的深度强化学习算法。

6.6.1 Deep Q-Networks（DQN）

DQN 算法是在 Q-Learning 算法的基础上演变而来的，DQN 算法有多个改进版本，最早的版本是由 Mnih 等人于 2013 年提出的，如下所示。前面介绍过利用函数去逼近 Q 值表（或 V

值表），DQN 算法是使用神经网络来逼近 Q 值函数的。另外，训练神经网络的数据要求是满足独立同分布的，而在参数 θ 没有收敛的情况下，在不同时刻获取的样本不满足这一关系，因此会导致网络的训练不稳定。为了解决这一问题，DQN 算法中还引入了"经验回放"机制。

---

1. 初始化大小为 N 的经验池 D。

2. 用随机的权重初始化 Q 函数。

3. for episode in range(EPISODES)：

　　1) 初始化状态 s

　　2) **for** t in range(T)：

　　　　a. 使用 ε-greedy 方式选择动作（以 ε 的概率随机选择动作 a_t，以 $1-\varepsilon$ 的概率根据

　　　　　当前策略选择动作 $a_t = \max_a Q^*(s_t, a; \theta)$）。

　　　　b. 执行动作 a_t，得到下一状态 s'_t，以及奖励值 r_t。

　　　　c. 将五元组（$s_t, a_t, r_t, s'_t,$ is_end$_t$）存入经验池 D（is_end$_t$ 用来标记 s'_t 是否是终
　　　　　止状态，如果经验池已满，则移除最早添加的五元组，添加新的五元组）。

　　　　d. 如果经验池 D 中的样本数达到了设定的 batch_size 大小 m：

　　　　　a) 从经验池中随机采样 m 个样本（$s_j, a_j, r_j, s'_j,$ is_end$_j$），其中 $j=1,2,\cdots,m$，
　　　　　　计算目标值 y_j：

$$y_j = \begin{cases} r_j & \text{is\_end}_j \text{ 为 true} \\ r_j + \gamma \max_{a'} Q(s'_j, a', \theta) & \text{is\_end}_j \text{ 为 false} \end{cases}$$

　　　　　b) 使用均方误差损失函数来更新网络参数。

　　　　e. $st = s'_t$

　　　end for

　　end for

在 DQN 算法中，在计算目标值 y_j 时用的 Q 值网络和要学习的（用来产生五元组）那个网络是同一个，即在用希望学习的模型来生成动作，这样不利于模型的收敛。因此，Mnih 等人于 2015 年又提出了 DQN 的一种改进算法，算法如下所示。在改进后的算法中，将计算目标值 y_j 时用的 Q 网络和我们要学习的 $\hat{Q}$ 网络分成了两个网络。Q 网络用来产生五元组，而 $\hat{Q}$ 网络用来计算目标值 y_j。这里 $\hat{Q}$ 网络的参数 $\hat{\theta}$ 不会迭代更新，因此需要每隔一定时间将 Q 网络的参数 θ 复制过来（Q 网络和 $\hat{Q}$ 网络需要使用相同的网络结构）。改进后的 DQN 算法，除了增加了 $\hat{Q}$ 网络，其余部分与改进前的 DQN 算法一致。

---

1. 初始化大小为 N 的经验池 D。

2. 用随机的权重初始化 Q 函数。

3. `for episode in range(EPISODES):`

    1) 初始化状态 s。

    2) `for t in range(T):`

        a. 使用 ε-greedy 方式选择动作（以 ε 的概率随机选择动作 q_t，以 $1-\varepsilon$ 的概率根据当前策略选择动作 $a_t = \max_a Q^*(s_t, a; \theta)$）。

        b. 执行动作 a_t，得到下一状态 s'_t，以及奖励值 r_t。

        c. 将五元组（$s_t, a_t, r_t, s'_t, \text{is\_end}_t$）存入经验池 D（is_end_t 用来标记 s'_t 是否是终止状态，如果经验池已满，则移除最早添加的五元组，添加新的五元组）。

        d. 如果经验池 $\boldsymbol{D}$ 中的样本数达到了设定的 `batch_size` 大小 m：

            a) 从经验池中随机采样 m 个样本（$s_j, a_j, r_j, s'_j, \text{is\_end}_j$），其中 $j = 1, 2, \cdots, m$，计算目标值 y_j：

$$y_j = \begin{cases} r_j & \text{is\_end}_j \text{ 为 true} \\ r_j + \gamma \max_{a'} \hat{Q}(s'_j, a'_j, \hat{\theta}) & \text{is\_end}_j \text{ 为 false} \end{cases}$$

            b) 使用均方误差损失函数 $\dfrac{1}{m}\sum_{j=1}^{m}(y_j - Q(s_j, a_j, \theta))^2$ 来更新网络参数 θ。

        e. $s_t = s'_t$。

        f. 间隔一定时间后：$\hat{\theta} = \theta$。

      `end for`

    `end for`

6.6.2　Deep Deterministic Policy Gradient（DDPG）

    DDPG 算法结合了 Actor-Critic 算法和 DQN 算法，如下所示。Actor 和 Critic 分别使用一个神经网络，参照 DQN 算法为每个网络再设置一个目标网络，训练过程同样借鉴了 DQN 的经验池。DDPG 算法与 DQN 算法在目标网络的更新上有所不同，DQN 算法中是每隔一段时间就将 Q 值网络直接赋给目标网络 $\hat{Q}$，而在 DDPG 算法中目标网络的参数是在缓慢更新的，以便提高网络的稳定性：

$$\hat{\theta}^Q \leftarrow \rho\hat{\theta}^Q + (1-\rho)\theta^Q$$
$$\hat{\theta}^\varnothing \leftarrow \rho\hat{\theta}^\varnothing + (1-\rho)\theta^\varnothing$$

    上式中，$\hat{\theta}^\varnothing$ 是策略网络对应的目标网络的参数，$\hat{\theta}^Q$ 是 Q 值网络对应的目标网络的参数。

1. 使用随机参数和 θ^Q 初始化 Critic 网络 $Q\left(s,a|\theta^Q\right)$ 和 Actor 网络 $\varnothing\left(s,a|\theta^\varnothing\right)$。

2. 初始化目标网络的参数：$\hat{\theta}^Q \leftarrow \theta^Q$，$\hat{\theta}^\varnothing \leftarrow \theta^\varnothing$。

3. 初始化大小为 N 的经验池 $\boldsymbol{D}$。

4. for episode in range(EPISODES):

    1）初始化一个随机过程 $\mathcal{N}$ 作为对环境的探索（也可以使用 ε-greedy 方式）。

    2）初始化第一个状态 s_1。

    3）for t in range(T):

        a. 根据当前的策略及 $\mathcal{N}$ 选择动作 $a_t = \varnothing\left(s_t|\theta^\varnothing\right) + \mathcal{N}_t$。

        b. 执行动作 a_t，得到下一状态 s'_t，以及奖励值 r_t。

        c. 将五元组（$s_t, a_t, r_t, s'_t, \text{is\_end}_t$）存入经验池 $\boldsymbol{D}$（is_end$_t$ 用来标记 s'_t 是否是终止状态，如果经验池已满，则移除最早添加的五元组，添加新的五元组）。

        d. 如果经验池 $\boldsymbol{D}$ 中的样本数达到了设定的 batch_size 大小 m：

            a）从经验池中随机采样 m 个样本（$s_j, a_j, r_j, s'_j, \text{is\_end}_j$），其中 $j = 1, 2, \cdots, m$，计算目标值 y_j：

$$y_j = \begin{cases} r_j & \text{is\_end}_j \text{ 为 true} \\ r_j + \gamma\hat{Q}(s'_j, \hat{\varnothing}(s'_j \mid \hat{\theta}^\varnothing) \mid \hat{\theta}^Q) & \text{is\_end}_j \text{ 为 false} \end{cases}$$

            b）使用均方误差损失函数 $\dfrac{1}{m}\sum\limits_{j=1}^{m}(y_j - Q(s_j, a_j, \theta))^2$ 来更新 Critic 网络的参数 θ。

            c）使用梯度上升来更新 Actor 网络的参数 $\varnothing$：$\nabla_\varnothing \dfrac{1}{m}\sum\limits_{j=1}^{m}Q(s_j, \varnothing(s_j, \theta^\varnothing), \theta^Q))^2$。

        e. $s_t = s'_t$。

        f. 更新目标网络的参数：$\hat{\theta}^Q \leftarrow \rho\hat{\theta}^Q + (1-\rho)\theta^Q$，$\hat{\theta}^\varnothing \leftarrow \rho\hat{\theta}^\varnothing + (1-\rho)\theta^\varnothing$。

    end for

end for

6.7　本章小结

本章主要介绍强化学习和深度强化学习的基础知识和算法。

6.8　本章练习

1. 请尝试使用 DDPG 算法实现 6.5.2 节中的例子。

2. 请分别使用 DQN 和 DDQN 算法实现 6.5.3 节中的例子。

第 7 章　项目实战

本章内容

◎ CNN 实战项目一：Chars74K

◎ CNN 实战项目二：CIFAR-10

◎ RNN 实战项目一：新闻文本分类

◎ RNN 实战项目二：聊天机器人

◎ DRL 实战项目：DQN

7.1　CNN 实战项目一：Chars74K

　　字符识别是经典的模式识别问题，在现实生活中也有着非常广泛的应用。目前对于特定环境下拉丁字符的识别已经取得了很好的效果，但是对于一些复杂场景下的字符识别依然还有很多困难，例如通过手持设备拍摄及自然场景中的图片等。Chars74K 正是针对这些困难点而搜集的数据集。Chars74K 包含英语和坎那达语（Kannada）两种字符，其中，英语数据集包括 64 种字符（0~9、a~z，A~Z），有 26 个拉丁文字母和 10 个阿拉伯数字，根据采集方式的不同又分成三个不同数据集（三个英文数据集的样本数加在一起超过了 74KB，Chars74K 的名字也是由此而来的）：

　　（1）7 705 个从自然场景中采集的字符数据集（EnglishImg.tgz）；

　　（2）3 410 个在平板电脑上手写的字符数据集（EnglishHnd.tgz）；

　　（3）62 992 个从计算机字体合成的字符数据集（EnglishFnt.tgz）。

　　本项目用的是第一个数据集，即从自然场景中采集的字符数据集，部分数据如图 7-1 所示。数据集解压之后的目录结构如图 7-2 左所示，解压之后的数据集包括"BadImg"和"GoodImg"，而"BadImg"中的图片质量较差，数据集中每一个类别的图片单独放在一个文件夹中，如图 7-2 右所示。

图 7-1　Chars74K 数据集示例（从自然场景中采集的英文字符数据集）

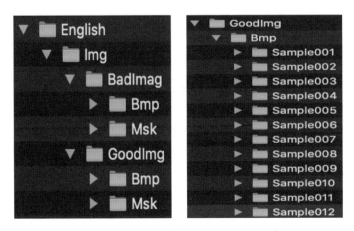

图 7-2　Chars74K 数据集（自然场景中采集的英文字符数据集）

1. 数据预处理

Chars74K 数据集（本项目中后续提到的 Chars74K 数据集一律特指从自然场景中采集的英文字符数据集）里的图片大小不一，因此我们需要将其调整为统一大小，调整图片大小的代码可以在本书配套的 GitHub 项目中找到，这里不做介绍，还要删除原始数据集中混杂的 4 张单通道的灰度图，读者可直接使用已处理好的数据集。

接下来我们开始实现数据预处理部分。首先导入需要的包：

```
1   import tensorflow as tf
```

```
2    from tensorflow.keras import layers
3    import datetime
4    import numpy as np
5    from PIL import Image
6    import os
```

接着定义一个 "get_dataset" 函数，用来获取数据集：

```
7    def get_dataset(path):
8        """ 获取数据集 """
9        data_x = []
10       data_y = []
11
12       # 获取当前路径下所有文件夹（或文件）
13       folder_name = os.listdir(path)
14
15        # 循环遍历每个文件夹
16       for i in folder_name:
17           file_path = os.path.join(path, i)
18
19           # 取文件夹名后三位整数作为类标
20           label = int(i[-3:])
21
22           # 获取当前文件夹下的所有图片文件
23           filenames = os.listdir(file_path)
24
25           for filename in filenames:
26               # 组合得到每张图片的路径
27               image_path = os.path.join(file_path, filename)
28
29               # 读取图片
30               image = Image.open(image_path)
31               # 将 image 对象转为 NumPy 数组
32               width, height = image.size
33               image_matrix = np.reshape(image, [width*height*3])
```

```
34
35              data_x.append(image_matrix)
36              data_y.append(label)
37
38      return data_x, data_y
```

第 33 行代码将图片转换成了 NumPy 数组，由于图片是 RGB 三通道模式的，因此转换后的数组大小为"width * height * 3"。

2. 模型搭建

本项目将使用 VGG-Net 网络模型。VGG-Net 有多种级别，其网络层数从 11 层到 19 层不等（这里的层数是指有参数更新的层，例如卷积层或全连接层），其中比较常用的是 16 层（VGG-Net-16）和 19 层（VGG-Net-19）。图 7-3 所示的是 VGG-Net-16 网络结构。

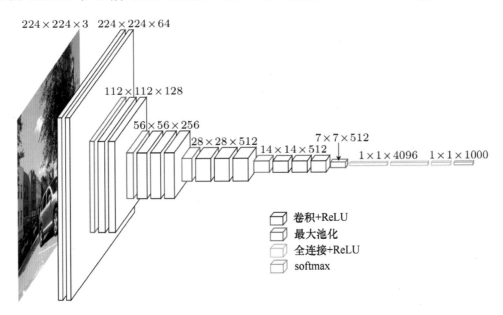

图 7-3　VGG-Net-16 网络结构

VGG-Net 中全部使用大小为 3×3 的小卷积核，希望模拟出更大的"感受野"效果。VGG-Net 中的池化层使用的均是大小为 2×2 的最大池化。VGG-Net 的设计思想在 ResNet 和 Inception 模型中也都有被采用。图 7-4 所示的是不同层数的 VGG-Net。

ConvNet Configuration					
A	A-LRN	B	C	D	E
11 weight layers	11 weight layers	13 weight layers	16 weight layers	16 weight layers	19 weight layers
input (224 × 224 RGB image)					
conv3-64	conv3-64	conv3-64	conv3-64	conv3-64	conv3-64
	LRN	**conv3-64**	conv3-64	conv3-64	conv3-64
maxpool					
conv3-128	conv3-128	conv3-128	conv3-128	conv3-128	conv3-128
		conv3-128	conv3-128	conv3-128	conv3-128
maxpool					
conv3-256	conv3-256	conv3-256	conv3-256	conv3-256	conv3-256
conv3-256	conv3-256	conv3-256	conv3-256	conv3-256	conv3-256
			conv1-256	**conv3-256**	conv3-256
					conv3-256
maxpool					
conv3-512	conv3-512	conv3-512	conv3-512	conv3-512	conv3-512
conv3-512	conv3-512	conv3-512	conv3-512	conv3-512	conv3-512
			conv1-512	**conv3-512**	conv3-512
					conv3-512
maxpool					
conv3-512	conv3-512	conv3-512	conv3-512	conv3-512	conv3-512
conv3-512	conv3-512	conv3-512	conv3-512	conv3-512	conv3-512
			conv1-512	**conv3-512**	conv3-512
					conv3-512
maxpool					
FC-4096					
FC-4096					
FC-1000					
softmax					

图 7-4　不同层数的 VGG-Net

本项目使用的是 VGG-Net-13，具体实现如下：

```
39   def vgg13_model(input_shape, classes):
40       model = tf.keras.Sequential()
41
42       model.add(layers.Conv2D(64, 3, 1, input_shape=input_shape,
43                               padding='same',
44                               activation='relu',
45                               kernel_initializer='uniform'))
46       model.add(layers.Conv2D(64, 3, 1, padding='same',
47                               activation='relu',
48                               kernel_initializer='uniform'))
49       model.add(layers.MaxPooling2D(pool_size=(2, 2)))
50
51       model.add(layers.Conv2D(128, 3, 1, padding='same',
```

```
52                                  activation='relu',
53                                  kernel_initializer='uniform'))
54    model.add(layers.Conv2D(128, 3, 1, padding='same',
55                                  activation='relu',
56                                  kernel_initializer='uniform'))
57    model.add(layers.MaxPooling2D(pool_size=(2, 2)))
58
59    model.add(layers.Conv2D(256, 3, 1, padding='same',
60                                  activation='relu',
61                                  kernel_initializer='uniform'))
62    model.add(layers.Conv2D(256, 3, 1, padding='same',
63                                  activation='relu',
64                                  kernel_initializer='uniform'))
65    model.add(layers.MaxPooling2D(pool_size=(2, 2)))
66
67    model.add(layers.Conv2D(512, 3, 1, padding='same',
68                                  activation='relu',
69                                  kernel_initializer='uniform'))
70    model.add(layers.Conv2D(512, 3, 1, padding='same',
71                                  activation='relu',
72                                  kernel_initializer='uniform'))
73    model.add(layers.MaxPooling2D(pool_size=(2, 2)))
74
75    model.add(layers.Conv2D(512, 3, 1, padding='same',
76                                  activation='relu',
77                                  kernel_initializer='uniform'))
78    model.add(layers.Conv2D(512, 3, 1, padding='same',
79                                  activation='relu',
80                                  kernel_initializer='uniform'))
81    model.add(layers.MaxPooling2D(pool_size=(2, 2)))
82
83    model.add(layers.Flatten())
84    model.add(layers.Dense(4096, activation='relu'))
85
86    model.add(layers.Dropout(0.5))
```

```
87        model.add(layers.Dense(4096, activation='relu'))
88
89        model.add(layers.Dropout(0.5))
90        model.add(layers.Dense(classes, activation='softmax'))
91
92        # 模型编译
93        model.compile(loss='categorical_crossentropy',
94                      optimizer='sgd',
95                      metrics=['accuracy'])
96        return model
```

3. 模型训练

定义好模型后开始加载数据集并训练：

```
97   if __name__ == '__main__':
98       path = './chars74k_data'
99       data_x, data_y = get_dataset(path)
100
101      train_x = np.array(data_x).reshape(-1, 224, 224, 3)
102      train_y = [i - 1 for i in data_y]
103      train_y = tf.keras.utils.to_categorical(train_y, 62)
104
105      # 随机打乱数据集顺序
106      np.random.seed(116)
107      np.random.shuffle(train_x)
108      np.random.seed(116)
109      np.random.shuffle(train_y)
110
111      cnn_model = vgg13_model(input_shape=(224,224,3), classes=62)
112      cnn_model.summary()
113
114      # 设置 TensorBoard
115      log_dir="logs/fit/"+datetime.datetime.now().strftime("%Y%m%d-%H%M%S")
116      tensorboard_callback=tf.keras.callbacks.TensorBoard(log_dir=log_dir,
             histogram_freq=1)
117
```

```
118        # 当验证集上的损失不再下降时就提前结束训练
119    early_stop=tf.keras.callbacks.EarlyStopping(monitor='val_loss', min_
                              delta=0.002, patience=10, mode='auto')
120
121        callbacks = [tensorboard_callback, early_stop]
122        cnn_model.fit(train_x, train_y,
123                      batch_size=100, epochs=300,
124                      verbose=1, validation_split=0.2,
125                      callbacks=callbacks)
```

在第 102 行代码中，由于我们之前根据目录名得到的类标是从"1"开始的，因此需要对所有类标减 1，让类标从"0"开始，以便在第 103 代码中将类标转换为 One-Hot 编码。

在第 121 行代码中，我们设置了一个 callback 函数，用来设置模型提前停止训练的条件，例如这里设置当"val_loss"的值有 10 次变化不超过 0.002 时则提前停止训练。参数具体介绍如下。

- "monitor"是要监测的指标；
- "min_delta"是监测指标的最小变化值；
- "patience"是没有变化的训练回合数；
- "mode"有三个值，分别是"auto""min"和"max"。当"mode"设置为"min"时，如果监测指标有"patience"次没有达到"min_delta"的变化量，则停止训练。"max"同理。

模型训练的结果如图 7-5 所示。

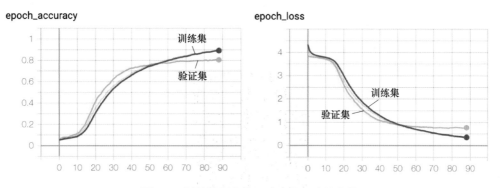

图 7-5　训练过程中的正确率和损失的变化

7.2 CNN 实战项目二：CIFAR-10

Alex Krizhevsky，Vinod Nair 和 Geoffrey Hinton 收集了 8000 万个小尺寸图像数据集，CIFAR-10 和 CIFAR-100 分别是这个数据集的一个子集。CIFAR-10 数据集由 10 个类别共 60000 张彩色图片组成，其中每张图片的大小为 32×32，每个类别分别 6000 张，部分样本如图 7-6 所示。

图 7-6　CIFAR-10 数据集中部分样本

我们首先下载 CIFAR-10 数据集，解压之后如图 7-7 所示。其中"data_batch_1"至"data_batch_5"是训练文件，每个文件分别有 10000 个训练样本，共计 50000 个训练样本，"test_batch"是测试文件，包含了 10000 个测试样本。

图 7-7　CIFAR-10 数据集文件

1. 数据预处理

首先导入需要用到的包：

```
1  import tensorflow as tf
2  import numpy as np
3  import pickle
4  import os
```

由于这些数据文件是使用"pickle"进行存储的，因此需要定义一个函数来加载这些数据文件：

```
5  def get_pickled_data(data_path):
6      data_x = []
7      data_y = []
8      with open(data_path, mode='rb') as file:
9          data = pickle.load(file, encoding='bytes')
10         x = data[b'data']
11         y = data[b'labels']
12         # 将 3×32×32 的数组变换为 32×32×3 的数组
13         x = x.reshape(10000, 3, 32, 32)\
14             .transpose(0, 2, 3, 1).astype('float')
15         y = np.array(y)
16         data_x.extend(x)
17         data_y.extend(y)
18     return data_x, data_y
```

接下来定义一个"prepare_data"函数，用来获取训练和测试数据：

```
19  def prepare_data(path):
20      x_train = []
21      y_train = []
22      x_test = []
23      y_test = []
24      for i in range(5):
25          # train_data_path 为训练数据的路径
26          train_data_path = os.path.join(path, ('data_batch_'+str(i +
1)))
```

```
27          data_x, data_y = get_pickled_data(train_data_path)
28          x_train += data_x
29          y_train += data_y
30      # 将 50000 个 list 型的数据样本转换为 ndarray 型的
31      x_train = np.array(x_train)
32
33      # test_data_path 为测试文件的路径
34      test_data_path = os.path.join(path, 'test_batch')
35      x_test, y_test = get_pickled_data(test_data_path)
36      x_test = np.array(x_test)
37
38      return x_train, y_train, x_test, y_test
```

2. 模型搭建

这个项目将使用 RasNet 模型。RasNet 是一个残差网络，在一定程度上解决了网络层数过多后出现的退化问题。图 7-8 所示的是"残差块（Residual Block）"，右侧是针对 50 层以上网络的优化结构。

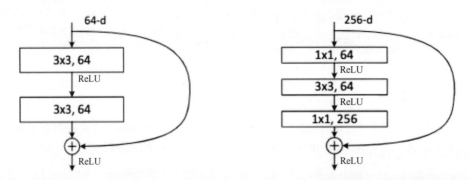

图 7-8　残差块

图 7-9 所示的是一个 34 层的 ResNet 的网络结构，ResNet 的提出者以 VGG-19 模型（图 7-9 左）为参考，设计了一个 34 层的网络（图 7-9 中），并进一步构造了 34 层的 ResNet（图 7-9 右），34 层是按有参数更新的层来计算的。图 7-9 所示的 34 层 ResNet 中有参数更新的层包括第 1 层卷积层、中间残差部分的 32 个卷积层，以及最后的一个全连接层。

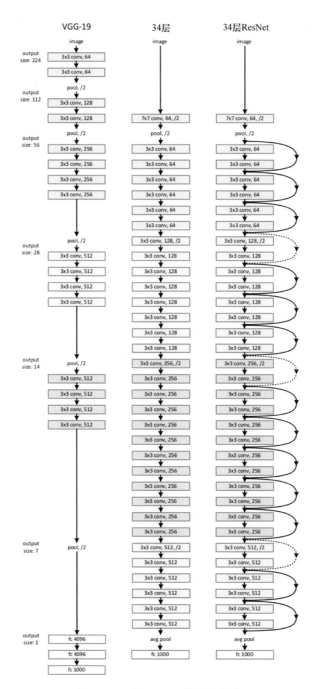

图 7-9　34 层 ResNet 的网络结构

如图 7-9 所示，ResNet 中主要使用的是 3×3 的卷积核，并遵守着两个简单的设计原则：

（1）对于每一层卷积层，如果输出的特征图尺寸相同，那么这些层就使用相同数量的滤波器；

（2）如果输出的特征图尺寸减半了，那么卷积核的数量将增加一倍，以便保持每一层的时间复杂度。

ResNet 的第一层是 66 个 7×7 的卷积核，滑动步长为 2；接着是一个步长为 2 的池化层；再接着是 16 个残差块，共 32 个卷积层。根据卷积层中卷积核数量的不同可以分为 4 个部分，每个部分的衔接处特征图的尺寸都缩小了一半，因此卷积核的数量也相应地增加了一倍；残差部分之后是一个池化层，采用平均池化；最后是一个全连接层，并用 Softmax 作为激活函数，得到分类结果。

接下来定义残差块：

```
1  class residual_lock(tf.keras.layers.Layer):
2      def __init__(self, filters, strides=1):
3          super(residual_lock, self).__init__()
4          self.conv1 = tf.keras.layers.Conv2D(filters=filters,
5                                              kernel_size=(3, 3),
6                                              strides=strides,
7                                              padding="same")
8          # 规范化层：加速收敛，控制过拟合
9          self.bn1 = tf.keras.layers.BatchNormalization()
10         self.conv2 = tf.keras.layers.Conv2D(filters=filters,
11                                             kernel_size=(3, 3),
12                                             strides=1,
13                                             padding="same")
14         # 规范化层：加速收敛，控制过拟合
15         self.bn2 = tf.keras.layers.BatchNormalization()
16         # 在残差块的第一个卷积层中，卷积核的滑动步长为 2 时，输出特征图尺寸减半，
17         # 需要对残差块的输入使用步长为 2 的卷积来进行下采样，从而匹配维度
18         if strides != 1:
19             self.downsample = tf.keras.Sequential()
20             self.downsample.add(tf.keras.layers.Conv2D(filters=filters,
                       kernel_size=(1, 1), strides=strides))
```

```
21              self.downsample.add(tf.keras.layers.BatchNormalization())
22          else:
23              self.downsample = lambda x: x
24
25      def call(self, inputs, training=None):
26          # 匹配维度
27          identity = self.downsample(inputs)
28
29          conv1 = self.conv1(inputs)
30          bn1 = self.bn1(conv1)
31          relu = tf.nn.relu(bn1)
32          conv2 = self.conv2(relu)
33          bn2 = self.bn2(conv2)
34
35          output = tf.nn.relu(tf.keras.layers.add([identity, bn2]))
36
37          return output
```

接着定义一个函数，用来组合残差块：

```
38  def build_blocks(filters, blocks, strides=1):
39      """ 组合相同特征图尺寸的残差块 """
40      res_block = tf.keras.Sequential()
41      # 添加第一个残差块，每部分的第一个残差块的第一个卷积层，其滑动步长为 2
42      res_block.add(residual_lock(filters, strides=strides))
43
44      # 添加后续残差块
45      for _ in range(1, blocks):
46          res_block.add(residual_lock(filters, strides=1))
47
48      return res_block
```

定义好残差块和组合组合残差块的函数后，我们就可以实现具体的 ResNet 模型了：

```
49  class ResNet(tf.keras.Model):
50      """ResNet 模型 """
51      def __init__(self, num_classes=10):
```

```
52          super(ResNet, self).__init__()
53
54          self.preprocess = tf.keras.Sequential([
55              tf.keras.layers.Conv2D(filters=64,
56                                      kernel_size=(7, 7),
57                                      strides=2,
58                                      padding='same'),
59              # 规范化层：加速收敛，控制过拟合
60              tf.keras.layers.BatchNormalization(),
61              tf.keras.layers.Activation(tf.keras.activations.relu),
62              # 最大池化：池化操作后，特征图大小减半
63              tf.keras.layers.MaxPool2D(pool_size=(3, 3),strides=2)
64          ])
65
66          # 组合四个部分的残差块
67          self.blocks_1 = build_blocks(filters=64, blocks=3)
68          self.blocks_2 = build_blocks(filters=128, blocks=4,strides=2)
69          self.blocks_3 = build_blocks(filters=256, blocks=6, strides=2)
70          self.blocks_4 = build_blocks(filters=512, blocks=3, strides=2)
71
72          # 平均池化
73          self.avg_pool = tf.keras.layers.GlobalAveragePooling2D()
74          # 最后的全连接层，使用 Softmax 作为激活函数
75          self.fc=tf.keras.layers.Dense(units=num_classes,activation=
            tf.keras.activations.softmax)
76
77      def call(self, inputs, training=None):
78          preprocess = self.preprocess(inputs)
79          blocks_1 = self.blocks_1(preprocess)
80          blocks2 = self.blocks_2(blocks_1)
81          blocks3 = self.blocks_3(blocks2)
82          blocks4 = self.blocks_4(blocks3)
83          avg_pool = self.avg_pool(blocks4)
84          out = self.fc(avg_pool)
```

```
85
86          return out
```

这里 ResNet 模型的实现完全依照图 7-9 所示的 34 层的 ResNet 模型结构。

3. 模型训练

最后是模型的训练部分：

```
87  if __name__ == '__main__':
88      model = ResNet()
89      model.build(input_shape=(None, 32, 32, 3))
90      model.summary()
91
92      # 数据集路径
93      path = "./CIFAR-10-batches-py"
94
95      # 数据载入
96      x_train, y_train, x_test, y_test = prepare_data(path)
97      # 将类标进行 One-Hot 编码
98      y_train = tf.keras.utils.to_categorical(y_train, 10)
99      y_test = tf.keras.utils.to_categorical(y_test, 10)
100
101     model.compile(loss='categorical_crossentropy',
102                   optimizer=tf.keras.optimizers.Adam(),
103                   metrics=['accuracy'])
104
105     # 动态设置学习率
106     lr_reducer = tf.keras.callbacks.ReduceLROnPlateau(
107         monitor='val_accuracy',
108         factor=0.2, patience=5,
109         min_lr=0.5e-6)
110     callbacks = [lr_reducer]
111
112     # 训练模型
113     model.fit(x_train, y_train,
114               batch_size=50, epochs=20,
```

```
115              verbose=1, callbacks=callbacks,
116              validation_data=(x_test, y_test),
117              shuffle=True)
```

在第 106 行代码中，"tf.keras.callbacks.ReduceLROnPlateau"函数可以用来动态调整学习率，并通过"callbacks"将调整后的学习率传递给模型，参数"monitor"是我们要监测的指标，"factor"是调整学习率时的参数（新的学习率 = 旧的学习率 × factor）。经历"patience"个回合后，如果"monitor"指定的指标没有变化，则对学习率进行调整，"min_lr"限定了学习率的下限。

训练过程的正确率和损失的变化如图 7-10 所示。

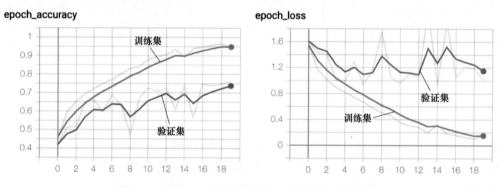

图 7-10　ResNet34 训练过程中正确率和损失的变化

最终在验证集上的准确率为 76.12%，有过拟合的现象，准确率还有提升的空间。有兴趣进一步提升分类效果的读者可以尝试如下方法。

1）数据集增强：通过旋转、平移等操作来扩充数据集；

2）参数微调：包括训练的回合数、学习率等；

3）修改模型：可以尝试在 ResNet32 的基础上修改模型的结构，或者替换其他网络模型。

7.3　RNN 实战项目一：新闻文本分类

文本分类是自然语言处理中常见的一类任务，本项目使用的是清华大学提供的数据集"THUCNews"，该数据集包含了 14 个类别的新浪新闻数据，具体类别和对应的样本数如表 7-1 所示。

表 7-1　THUCNews 数据集的数据统计

序号	新闻类别	样本数
1	科技	162929
2	股票	154398
3	体育	131604
4	娱乐	92632
5	时政	63086
6	社会	50849
7	教育	41936
8	财经	37098
9	家居	32586
10	游戏	24373
11	房产	20050
12	时尚	13368
13	彩票	7588
14	星座	3578
	总计	836075

官网下载的完整数据集大小为 1.56GB，文件数量较多，处理起来非常不方便，另外考虑到样本数量不平衡，我们在本项目中使用 THUCNews 的一个子数据集。该子数据集包含了表 7-1 所示的前 10 个类别的新闻数据，每个类别 10000 条数据。

1．数据预处理

文本数据相对于图片数据来说，处理会相对烦琐，主要是因为文本数据需要进行词嵌入（Word Embedding），对于不同的数据来说，不同的词嵌入方式可能对模型最终的效果影响也不同。

先定义基本参数：

```
1    from collections import Counter
2    import tensorflow as tf
3    import os
4
5    DOCUMENTS = list()
6
7    class DataConfig:
8        # 词汇表路径
```

```
9        vocab_path = "./vocab.txt"
10       # 词汇表大小
11       vocab_size = 5000
12       # 待分类文本的最大长度
13       max_length = 200
```

第 5 行代码定义了一个全局变量"DOCUMENTS",用来保存所有的数据。第 7 行代码定义了一个"DataConfig"类,这里的词汇表是根据我们的数据集来创建的,另外对待分类文本的长度也做了限制。构建词汇表的代码如下:

```
14  def build_vocab():
15      """ 根据数据集构建词汇表 """
16      all_data = []
17      for content in DOCUMENTS:
18          all_data.extend(content)
19
20      # 选出出现频率最高的前 dict_size 个字
21      counter = Counter(all_data)
22      count_pairs = counter.most_common(DataConfig.vocab_size - 1)
23      words, _ = list(zip(*count_pairs))
24      # 添加一个 <PAD> 作为填充字符
25      words = ['<PAD>'] + list(words)
26      # 保存词汇表
27      open(DataConfig.vocab_path, mode='w').write('\n'.join(words) +
'\n')
```

为了简便,我们没有对文本进行分词,而是以字符的形式分割的,词汇表里保存了数据集中出现频率最高的 5000 个字符。第 25 行代码在词汇表里添加了"<PAD>"作为填充字符。由于限定了输入句子的长度,所以当输入句子的长度不够时以"<PAD>"填充。

接下来定义一个用来读取数据集文件的函数:

```
28  def read_file(dir_path):
29      global DOCUMENTS
30      # 列出当前目录下的所有子目录
31      dir_list = os.listdir(dir_path)
32      # 遍历所有子目录
33      for sub_dir in dir_list:
```

```
34                # 组合得到子目录的路径
35                child_dir = os.path.join('%s/%s' % (dir_path, sub_dir))
36                if os.path.isfile(child_dir):
37                    # 获取当前目录下的数据文件
38                    with open(child_dir, 'r') as file:
39                        document = ''
40                        lines = file.readlines()
41                        for line in lines:
42                            # 将文件内容组成一行, 并去掉换行和空格等字符
43                            document += line.strip()
44                        DOCUMENTS.append(dir_path[dir_path.rfind('/')+1:] + "\t" +
                                         document)
45                else:
46                    read_file(child_dir)
```

"read_file" 函数用来将所有数据合在一起, 并保存在全局变量 "DOCUMENTS" 中, 接下来对读取的数据进一步处理成可以输入模型中的数据:

```
47  def load_data(dir_path):
48      global DOCUMENTS
49      data_x = []
50      data_y = []
51
52      # 读取所有数据文件
53      read_file(dir_path)
54
55      # 读取词汇表, 词汇表不存在时重新构建
56      if not os.path.exists(DataConfig.vocab_path):
57          build_vocab()
58
59      with open(DataConfig.vocab_path, 'r') as fp:
60          words = [_.strip() for _ in fp.readlines()]
61      word_to_id = dict(zip(words, range(len(words))))
62
63      # 构建类标
64      categories = ['科技', '股票', '体育', '娱乐', '时政',
```

```
65                    '社会','教育','财经','家居','游戏']
66      cat_to_id = dict(zip(categories, range(len(categories))))
67
68      # contents, labels = read_file(data_path)
69      for document in DOCUMENTS:
70          y_, x_ = document.split("\t", 1)
71          data_x.append([word_to_id[x] for x in x_ if x in word_to_id])
72          data_y.append(cat_to_id[y_])
73
74      # 将文本填充为固定长度
75      data_x = tf.keras.preprocessing.sequence.pad_sequences(data_x,
                                    DataConfig.max_length)
76      # 将标签转换为 One-Hot 编码表示
77      data_y = tf.keras.utils.to_categorical(data_y, num_classes=len
                                    (cat_to_id))
78
79      return data_x, data_y
```

在 "load_data" 函数中对类标进行了 One-Hot 编码, 并将文本数据都替换为了 id 表示, 后面将利用 "tf.keras.layers.Embedding" 把 id 表示的字符编码为向量。

2. 模型搭建

首先导入需要的包:

```
1   import tensorflow as tf
2   import numpy as np
3   from data_processing import DataConfig
4   import datetime
5   from data_processing import load_data
```

定义模型:

```
6   def get_model():
7       model = tf.keras.Sequential()
8       model.add(tf.keras.layers.Embedding(DataConfig.vocab_size, 16))
9       # 使用 LSTM 的双向循环神经网络
10      model.add(tf.keras.layers.Bidirectional(tf.keras.layers.LSTM(16)))
11      # 使用 LSTM 的单向循环神经网络
```

```
12      # model.add(tf.keras.layers.LSTM(16))
13      # 单向循环神经网络
14      # model.add(tf.keras.layers.GRU(16))
15      model.add(tf.keras.layers.Dropout(0.3))
16      model.add(tf.keras.layers.Dense(16, activation='relu'))
17      model.add(tf.keras.layers.Dense(10, activation='softmax'))
18
19      model.summary()
20      model.compile(optimizer='adam',
21                    loss='categorical_crossentropy',
22                    metrics=['accuracy'])
23      return model
```

在第 8 行代码中添加了一个"Embedding"层，该层会根据我们输入模型中的数据训练词向量，并将 id 表示的词替换为词向量。

在第 9 行至第 14 行代码中，我们给出了基于 LSTM 的双向循环神经网络、基于 LSTM 的单向循环神经网络，以及 GRU 网络的实现，读者可以多尝试去参照着修改一些基本的循环神经网络模型。

3．模型训练

最后实现模型的训练部分：

```
24   if __name__ == '__main__':
25       data_path = "./news_data"
26
27       train_x, train_y = load_data(data_path)
28
29       # 随机打乱数据集顺序
30       np.random.seed(116)
31       np.random.shuffle(train_x)
32       np.random.seed(116)
33       np.random.shuffle(train_y)
34
35       x_val = train_x[:10000]
36       partial_x_train = train_x[10000:]
```

```
37         y_val = train_y[:10000]
38         partial_y_train = train_y[10000:]
39
40         # 设置 TensorBoard
41         log_dir="logs/fit/" + datetime.datetime.now().strftime("%Y%m%d-
               %H%M%S")
42         tensorboard_callback = tf.keras.callbacks.TensorBoard(log_dir=log_
                   dir, histogram_freq=1)
43
44         model = get_model()
45         model.fit(partial_x_train, partial_y_train,
46                 epochs=40, batch_size=512,
47                 validation_data=(x_val, y_val),
48                 verbose=1, callbacks=[tensorboard_callback])
```

训练结果如图 7-11 所示。

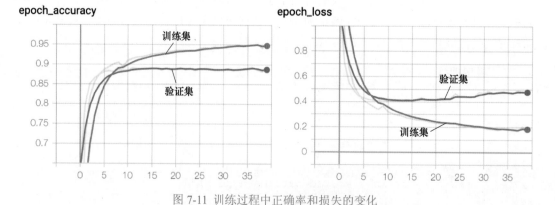

图 7-11 训练过程中正确率和损失的变化

7.4 RNN 实战项目二：聊天机器人

聊天机器人是一种基于自然语言处理相关技术和方法的人机交互方式，虚拟助手（例如苹果的 Siri、微软的 Cortana、Google Duplex）、虚拟人物（微软小冰、Gowild 的琥珀），以及智能客服等诸多场景都有应用。

聊天机器人根据其应用场景的需要有不同的实现方式，本项目基于编码器 - 解码器模型实现一种生成式对话。读者可以通过关注公众号"磐小妹"（微信 ID：BotMind-PXM）体验最终实现的效果，除"磐小妹"中的"查天气""听音乐"等封闭域的聊天外，其所有的回复基于的都是下面即将实现的对话生成模型，如图 7-12 所示。

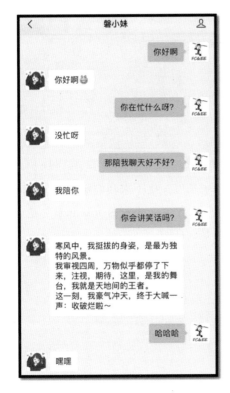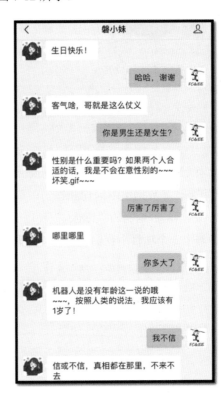

图 7-12 本项目实现的聊天效果（不包括接入公众号）

1. 数据预处理

　　为了本项目的实现，作者花费了大量的时间爬取和搜集了 106 万多的对话数据（一问一答的形式），可在本书 GitHub 项目中下载得到。数据集中对话数据的质量有高有低，一个高质量的对话数据集对于聊天机器人的对话效果尽管重要，但是要获取高质量的对话数据集需要长时间的积累，会耗费大量的时间和精力。首先定义两个辅助函数（本项目的代码修改自 TensorFlow 的官方示例"Neural Machine Translation with Attention"）：

```
1  import tensorflow as tf
2  from sklearn.model_selection import train_test_split
3  import jieba
```

```
4    import os
5    import time
6
7    def preprocess_sentence(sentence):
8        """ 为句子添加开始和结束标记 """
9        sentence = '<start> ' + sentence + ' <end>'
10       return sentence
11
12   def max_length(tensor):
13       # 计算问答序列的最大长度
14       return max(len(t) for t in tensor)
```

第 7 行代码中的"preprocess_sentence"函数用来在句子的首尾添加标记,"max_length"用来计算数据集中问句和答句中最长的句子长度。接下来我们定义一个分词器函数"tokenize",该函数返回的"tensor"使用 id 表示的句子,"sentences_tokenizer"是训练得到的词典,与上一个项目中我们自己建立的词典作用是一样的。

```
15   def tokenize(sentences):
16       # 初始化分词器,并生成词典
17   sentences_tokenizer=tf.keras.preprocessing.text.Tokenizer(filters='')
18       sentences_tokenizer.fit_on_texts(sentences)
19
20       # 利用词典将文本数据转为 id 表示
21       tensor = sentences_tokenizer.texts_to_sequences(sentences)
22       # 将数据填充成统一长度,以所有数据中最大长度为准,长度不够的补零
23       tensor=tf.keras.preprocessing.sequence.pad_sequences(tensor,paddi
                                                    ng='post')
24
25       return tensor, sentences_tokenizer
```

最后定义一个"load_dataset"函数加载数据集:

```
26   def load_dataset(file_path):
27       """ 加载数据集 """
28       with open(file_path, "r") as file:
29           lines = file.readlines()
30           q = ''
```

```
31          a = ''
32          qa_pairs = []
33          for i in range(len(lines)):
34              if i % 3 == 0:
35                  q = " ".join(jieba.cut(lines[i].strip()))
36              elif i % 3 == 1:
37                  a = " ".join(jieba.cut(lines[i].strip()))
38              else:   # 组合
39 pair=[preprocess_sentence(q),preprocess_sentence(a)]
40                  qa_pairs.append(pair)
41      # zip 操作删除重复问答
42      # zip 返回格式: [(q,a),(q,a),...]
43      q_sentences, a_sentences = zip(*qa_pairs)
44
45      q_tensor, q_tokenizer = tokenize(q_sentences)
46      a_tensor, a_tokenizer = tokenize(a_sentences)
47
48      return q_tensor, a_tensor, q_tokenizer, a_tokenizer
```

函数"load_dataset"返回的"q_tensor"和"a_tensor"分别是用 id 表示的数据集中的问题部分和回答部分,"q_tokenizer"和"a_tokenizer"分别是根据问题和回答建立的词汇表。

2. 模型搭建

本项目使用的是如图 7-13 所示的编码器–解码器模型。这里我们将使用 Bahdanau Attention,这是第一次被应用到自然语言处理领域的注意力机制。注意力机制的基本思想在前面已经介绍过,其主要目的是在解码过程中能够自动地为每一个输出寻找对应的相关度最高的输入。为此,我们需要计算 Attention 的权重(a_{ts})、上下文向量(c_t),以及 Attention 向量(a_t):

$$a_{ts} = \frac{\exp(\text{score}(\boldsymbol{h}_t, \overline{\boldsymbol{h}}_s))}{\sum_{s'=1}^{S} \exp(\text{score}(\boldsymbol{h}_t, \overline{\boldsymbol{h}}_{s'}))} \qquad (式 7\text{-}1)$$

$$\boldsymbol{c}_t = \sum_s a_{ts} \overline{\boldsymbol{h}}_s \qquad (式 7\text{-}2)$$

$$\boldsymbol{a}_t = f\left(\boldsymbol{c}_t, \boldsymbol{h}_t\right) = \tanh\left(\boldsymbol{W}_c\left[\boldsymbol{c}_t; \boldsymbol{h}_t\right]\right) \qquad (式 7\text{-}3)$$

公式 7-1 中的 "score" 在 Bahdanau Attention 中的计算公式如下：

$$\text{score}\left(\boldsymbol{h}_t, \overline{\boldsymbol{h}}_s\right) = \boldsymbol{v}_a^{\text{T}} \tanh\left(\boldsymbol{W}_1\boldsymbol{h}_t + \boldsymbol{W}_2\overline{\boldsymbol{h}}_s\right)$$

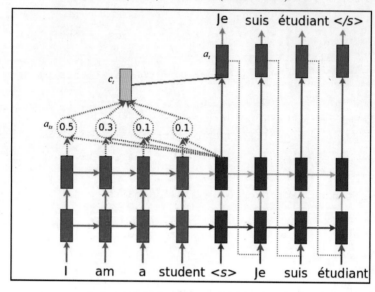

图 7-13　编码器 – 解码器模型

接下来开始实现模型部分的代码，首先是编码器部分：

```
49   class Encoder(tf.keras.Model):
50       """编码器"""
51       def __init__(self, vocab_size, embedding_dim, enc_units, batch_
sz):
52           super(Encoder, self).__init__()
53           self.batch_sz = batch_sz
54           self.enc_units = enc_units
55           self.embedding = tf.keras.layers.Embedding(vocab_size,
                             embedding_dim)
56           self.gru = tf.keras.layers.GRU(self.enc_units,
57                                          return_sequences=True,
58                                          return_state=True,
59   recurrent_initializer='glorot_uniform')
60
61       def call(self, x, hidden):
```

```
62          x = self.embedding(x)
63          output, state = self.gru(x, initial_state=hidden)
64          return output, state
65
66      def initialize_hidden_state(self):
67          return tf.zeros((self.batch_sz, self.enc_units))
```

在第 55 行代码中，我们添加了一个"Embedding"层，用来训练词向量，并将由 id 表示的句子转化为向量表示。接下来是 Bahdanau Attention 的实现：

```
68  class BahdanauAttention(tf.keras.Model):
69      """Bahdanau attention"""
70      def __init__(self, units):
71          super(BahdanauAttention, self).__init__()
72          self.W1 = tf.keras.layers.Dense(units)
73          self.W2 = tf.keras.layers.Dense(units)
74          self.V = tf.keras.layers.Dense(1)
75
76      def call(self, query, values):
77          # query 为编码器最后一个时间步的隐状态（hidden）
78          # values 为编码器部分的输出，即每个时间步的隐状态，形状为 (batch_
79          # size, max_length, hidden size)
79          # query 的形状为 (batch_size, hidden size)
80          # 为了后续计算，需要将 query 的形状转为 (batch_size, 1, hidden size)
81          hidden_with_time_axis = tf.expand_dims(query, 1)
82
83          # 计算 Score 和 attention_weights
84          # score 的形状为 (batch_size, max_length, 1)
85          score = self.V(tf.nn.tanh(
86              self.W1(values) + self.W2(hidden_with_time_axis)))
87
88          # attention_weights 的形状为 (batch_size, max_length, 1)
89          attention_weights = tf.nn.softmax(score, axis=1)
90
91          # 计算 Context Vector，形状为 (batch_size, max_length, hidden size)
92          context_vector = attention_weights * values
```

```
93            # 求和之后的形状为 (batch_size, hidden_size)
94            context_vector = tf.reduce_sum(context_vector, axis=1)
95
96            return context_vector, attention_weights
```

在第 86 行代码中，"self.W1(values)"计算结果的维度是 (batch_size, max_length, units_length)，"self.W2(hidden_with_time_axis)"计算结果的维度是 (batch_size, 1, units_length)，在 TensorFlow 中两者相加的方式是将后者以向量的形式逐行加到前者的第二维矩阵中。

在第 92 行代码中，将 Attention 的权重与编码器部分的输出（即每个时间步的隐状态）相乘，再基于第二维矩阵求和得到上下文向量。在解码器中将基于上下文向量计算得到最终的输出：

```
97   class Decoder(tf.keras.Model):
98       """ 解码器 """
99       def __init__(self, vocab_size, embedding_dim, dec_units, batch_
sz):
100          super(Decoder, self).__init__()
101          self.batch_sz = batch_sz
102          self.dec_units = dec_units
103          self.embedding = tf.keras.layers.Embedding(vocab_size,
                                                        embedding_dim)
104          self.gru = tf.keras.layers.GRU(self.dec_units,
105                                         return_sequences=True,
106                                         return_state=True,
107   recurrent_initializer='glorot_uniform')
108          self.fc = tf.keras.layers.Dense(vocab_size)
109          # attention
110          self.attention = BahdanauAttention(self.dec_units)
111
112      def call(self, x, hidden, enc_output):
113          # 获得 Context Vector 和 Attention Weights
114          context_vector, attention_weights=self.attention(hidden, enc_output)
115
116          # 编码之后 x 的形状为 (batch_size, 1, embedding_dim)
117          x = self.embedding(x)
```

```
118
119        # 将 context_vector 和输入 x 拼接,
120        # 拼接后的形状为 (batch_size, 1, embedding_dim+hidden_size)
121        # 这里的 hidden_size 即 context_vector 向量的长度
122        x=tf.concat([tf.expand_dims(context_vector,1),x],axis=-1)
123
124        # 拼接后输入 GRU 网络
125        output, state = self.gru(x)
126
127        # Reshape 操作前 output 形状为 (batch_size, 1, hidden_size)
128        # Reshape 操作后 output 形状为 (batch_size, hidden_size)
129        output = tf.reshape(output, (-1, output.shape[2]))
130
131        # x 的形状为 (batch_size, vocab)
132        x = self.fc(output)
133
134        return x, state, attention_weights
```

在解码器中,我们和编码器一样只使用了一个单层的 GRU 网络。

3. 模型训练

接下来实现模型的训练部分,首先定义损失函数和优化器:

```
135    def loss_function(real, pred):
136        """ 交叉熵损失函数 """
137        # 返回非零值(去掉了序列不够长时填补的零)
138        mask = tf.math.logical_not(tf.math.equal(real, 0))
139        # 交叉熵损失
140        loss_object=tf.keras.losses.SparseCategoricalCrossentropy(from_
           logits=True, reduction='none')
141        loss_ = loss_object(real, pred)
142        # 将 mask 转为 loss_.dtype 类型
143        mask = tf.cast(mask, dtype=loss_.dtype)
144        # 计算损失
145        loss_ *= mask
146
```

```
147        # 每次计算的是一个批次的数据，因此要求平均损失
148        return tf.reduce_mean(loss_)
149
150    # 使用 Adam 优化器
151    optimizer = tf.keras.optimizers.Adam()
```

第 135 行代码中的函数"loss_function"接收两个参数："real"为训练数据的真实标签，"pred"为模型预测的标签。在第 138 行代码中，我们去掉了真实类标中"补零"的部分，由于我们在数据预处理时将所有句子填充为了统一长度，较短的句子后面都补了零，因此在计算损失时需要消除这一影响。由于我们每次丢入模型的都是一个批次的数据，因此在计算得到一个批次数据的损失之后要取平均值，作为一个训练样本的损失。

定义一个"train_step"函数控制模型的训练过程：

```
152    @tf.function
153    def train_step(q, a, enc_hidden):
154        loss = 0
155
156        with tf.GradientTape() as tape:
157            enc_output, enc_hidden = encoder(q, enc_hidden)
158            dec_hidden = enc_hidden
159            # 解码器第一个时间步的输入
160            dec_input=tf.expand_dims([a_tokenizer.word_index['<start>']] *
                   BATCH_SIZE, 1)
161
162            # 逐个时间步进行解码
163                for t in range(1, a.shape[1]):
164                predictions,dec_hidden,_=decoder(dec_input,dec_hidden, enc_output)
165                # 计算当前时间步的损失
166                loss += loss_function(a[:, t], predictions)
167                # 使用 Teacher Forcing 方法，该方法要求模型的生成结果必须和参考句
                   # 一一对应
168                dec_input = tf.expand_dims(a[:, t], 1)
169
170        # 要输出的一个批次的损失（取解码器中所有时间步损失的平均值）
171        batch_loss = (loss / int(a.shape[1]))
```

```
172
173       # 优化参数
174       variables=encoder.trainable_variables+decoder.trainable_variables
175       # 计算梯度
176       gradients = tape.gradient(loss, variables)
177       # 使用 Adam 优化器更新参数
178       optimizer.apply_gradients(zip(gradients, variables))
179
180       return batch_loss
```

这里需要注意一下，在第 163 行的 for 循环里，我们是逐个时间步进行解码的。至此，整个项目的主要部分代码都已经实现了，另外为了执行训练和测试，我们还需要定义"train"和"test"两个函数，由于这两个函数没有重点和难点需要讲解，这里就不再给出具体实现了，读者可以到本书的 GitHub 项目中查看本项目的完整代码。

测试效果如图 7-14 所示。

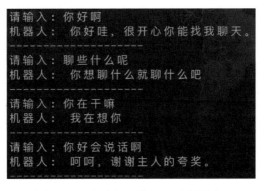

图 7-14　命令行下的聊天测试效果

7.5　DRL 实战项目：DQN

DQN 算法在前面已经介绍过，这里使用 DQN 算法来玩"CartPole"游戏。首先实现 DQN 中的基本网络模型：

```
1   import gym
2   import time
3   import numpy as np
```

```
4   import tensorflow as tf
5   from tensorflow.keras import layers
6   from tensorflow.keras import optimizers
7
8   class Model(tf.keras.Model):
9       def __init__(self, num_actions):
10          super().__init__(name='q_network')
11          self.fc1=layers.Dense(32,activation='relu',kernel_initializer='he_uniform')
12          self.fc2=layers.Dense(32,activation='relu',kernel_initializer='he_uniform')
13          self.logits = layers.Dense(num_actions, name='q_values')
14
15      def call(self, inputs):
16          x = self.fc1(inputs)
17          x = self.fc2(x)
18          x = self.logits(x)
19          return x
20
21      def action_value(self, obs):
22          q_values = self.predict(obs)
23          best_action = np.argmax(q_values, axis=-1)
24          return best_action[0], q_values[0]
```

前面介绍过，DQN 中的 Q 网络和 Target-Q 网络必须使用相同的网络结构，这里使用的是一个简单的三层全连接神经网络：输出层的神经元个数为 "num_actions"，即游戏环境中的总动作数，"CartPole" 游戏中只有 "向左" 和 "向右" 两个动作。模型输出的是 $Q(s,a)$ 值。

接下来实现 Agent 部分：

```
25  class DQNAgent:
26      def __init__(self, model, target_model, env, buffer_size=100,
27                      learning_rate=.00001,epsilon=.1,
28                      epsilon_dacay=0.995,min_epsilon=.01,
29                      gamma=.95, batch_size=4,target_update_iter=400,
30                      train_nums=20000, start_learning=10):
31          self.model = model
32          self.target_model = target_model
```

```
33
34          self.model.compile(optimizer=optimizers.Adam(),loss='mse')
35
36          self.env = env                          # gym 环境
37          self.lr = learning_rate                 # 学习率
38          self.epsilon = epsilon                   # epsilon-greedy
39          self.epsilon_decay = epsilon_dacay       # epsilon 衰减因子
40          self.min_epsilon = min_epsilon           # epsilon 最小值
41          self.gamma = gamma                       # 折扣因子
42          self.batch_size = batch_size             # batch_size
43          self.target_update_iter = target_update_iter  # 目标网络参数的更
                                                     # 新周期
44          self.train_nums = train_nums             # 总训练步数
45          self.num_in_buffer = 0                   # 经验池中已经保存的经验数
46          self.buffer_size = buffer_size           # 经验池的大小
47          self.start_learning = start_learning     # 开始训练之前要先确保经验池
                                                     # 中有一定量数据
48
49          # 经验池参数 [(s, a, r, ns, done), ...]
50          self.obs=np.empty((self.buffer_size,)+self.env.reset().shape)
51          self.actions = np.empty(self.buffer_size, dtype=np.int8)
52          self.rewards=np.empty(self.buffer_size,dtype=np.float32)
53          self.dones = np.empty(self.buffer_size, dtype=np.bool)
54          self.next_states=np.empty((self.buffer_size,)+self.env.reset().shape)
55          self.next_idx = 0
```

"__init__" 方法主要用于初始化模型的参数，接下来实现模型的训练部分：

```
56      def train(self):
57          """ 模型训练 """
58          # 初始化环境信息
59          obs = self.env.reset()
60          for t in range(1, self.train_nums):
61          best_action,q_values=self.model.action_value(obs[None])
62              # 采取 ε 贪心策略对环境进行探索，得到最终执行的动作
63              action = self.get_action(best_action)
```

```
64              # 执行动作，获取反馈信息
65              next_obs, reward, done, info = self.env.step(action)
66              # 将经验保存到经验池
67              self.store_transition(obs,action,reward,next_obs,done)
68              self.num_in_buffer = min(self.num_in_buffer + 1, self.
                                        buffer_size)
69
70              # 开始学习
71              if t > self.start_learning:
72                  losses = self.train_step()
73                  if t % 1000 == 0:
74                      print('losses each 1000 steps: ', losses)
75
76              if t % self.target_update_iter == 0:
77                  # 更新目标网络的参数
78                  self.update_target_model()
79              if done:
80                  obs = self.env.reset()
81              else:
82                  obs = next_obs
```

第 60 行的 " train_nums " 是我们总共要训练的游戏步数，训练开始后首先基于 Q 网络在环境中采样，这里我们使用了 ε 贪心策略对环境进行探索。采样得到的结果保存到经验池中，然后通过经验回放来训练模型。在第 61 行代码中，" obs[None] " 会将一维的状态向量 obs 转换为二维 (None, 4)。在第 76 行代码中，每隔 " target_update_iter " 步后用 Q 网络的参数更新 Target-Q 网络。

经验回放的过程如下：

```
83      def train_step(self):
84          """ 逐步训练，经验回放 """
85          idxes = self.replay_transition(self.batch_size)
86          s_batch = self.obs[idxes]
87          a_batch = self.actions[idxes]
88          r_batch = self.rewards[idxes]
89          ns_batch = self.next_states[idxes]
```

```
90          done_batch = self.dones[idxes]
91
92          # 使用 Target-Q 网络计算目标值
93          target_q=r_batch+self.gamma*np.amax(self.get_target_value(ns_
            batch), axis=1) * (1 - done_batch)
94          # 使用 Q 网络产生预测值
95          q_value = self.model.predict(s_batch)
96          for i, val in enumerate(a_batch):
97              q_value [i][val] = target_q[i]
98
99          # 使用 train_on_batch 方法进行训练
100         losses = self.model.train_on_batch(s_batch, q_value)
101
102         return losses
```

　　首先从经验池中随机挑选"batch_size"个样本，然后第 93 行代码是根据算法计算目标值 y_j 的。因为我们的目标是让 Q 网络逼近 Target-Q 值，所以将 Target-Q 值作为训练样本的类标。

　　接下来实现经验的存储和回放：

```
103     def store_transition(self, obs, action, reward, next_state, done):
104         """ 存储经验 """
105         n_idx = self.next_idx % self.buffer_size
106         self.obs[n_idx] = obs
107         self.actions[n_idx] = action
108         self.rewards[n_idx] = reward
109         self.next_states[n_idx] = next_state
110         self.dones[n_idx] = done
111         self.next_idx = (self.next_idx + 1) % self.buffer_size
112
113     def replay_transition(self, n):
114         """ 经验回放 """
115         assert n < self.num_in_buffer
116         res = []
117         while True:
```

```
118              num = np.random.randint(0, self.num_in_buffer)
119              if num not in res:
120                  res.append(num)
121              if len(res) == n:
122                  break
123          return res
```

最后是辅助函数：

```
124      def get_action(self, best_action):
125          """epsilon-greedy"""
126          if np.random.rand() < self.epsilon:
127              return self.env.action_space.sample()
128          return best_action
129
130      def update_target_model(self):
131          # 将 Q 网络的参数复制给目标 Q 网络
132          self.target_model.set_weights(self.model.get_weights())
133
134      def get_target_value(self, obs):
135          return self.target_model.predict(obs)
136
137      def e_decay(self):
138          self.epsilon *= self.epsilon_decay
```

"get_action"采用 ε 贪心策略对环境进行探索，选择最终要执行的动作。"update_target_model"函数用 Q 网络的参数来更新 Target-Q 网络。"get_target_value"函数是使用 Target-Q 网络计算 Q 值的。"e_decay"函数用来动态地减小 ε 贪心策略中"ε"的值，随着模型的训练，逐渐降低对环境探索的概率。

到这里，DQN 的主要代码就实现了，完整的代码可以在本书配套的 GitHub 项目中找到，读者可以将运行的效果与第 6 章中使用蒙特卡罗策略梯度算法的效果进行比较。